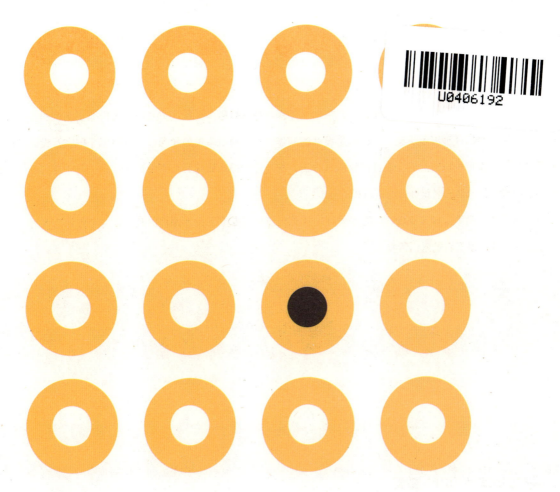

第二版
Second Edition

交互界面设计
User Interface Design

李洪海　石爽　李霞　编著

·北京·

本书是一本关于交互设计的入门读物。交互设计分为三大领域：基于屏幕的交互界面设计、交互产品设计以及服务设计中的交互设计。本书主要关注基于屏幕的交互界面设计。在本书的第一部分中，介绍了交互设计的概念、发展历程、类型、流程等，以及进行交互设计研究与分析的一些基本方法。在第二部分中，讲解了如何制作交互界面原型，包括低保真与高保真原型的制作方法以及进行原型测试的方法，并以实际案例详细展示了交互界面原型设计的制作过程。通过本书的学习，读者可以了解交互设计的基本理论，掌握进行交互界面设计的流程与方法，把自己的想法转化为界面设计作品，从而完善自己的知识结构，为成为一名设计师打下基础。

本书可作为高等院校工业设计、艺术设计、计算机应用专业交互设计课程的教材，也可作为广大行业从业者、业余爱好者的入门读物。

图书在版编目（CIP）数据

交互界面设计/李洪海，石爽，李霞编著．—2版．
—北京：化学工业出版社，2019.8（2025.2重印）
ISBN 978-7-122-34395-6

Ⅰ.①交… Ⅱ.①李…②石…③李… Ⅲ.①人机界面-程序设计-高等学校-教材 Ⅳ.①TP311.1

中国版本图书馆CIP数据核字（2019）第081179号

责任编辑：张　阳　张建茹　　　　　　　　装帧设计：尹琳琳
责任校对：杜杏然

出版发行：化学工业出版社（北京市东城区青年湖南街13号　邮政编码100011）
印　　装：中煤（北京）印务有限公司
787mm×1092mm　1/16　印张10¾　字数285千字　2025年2月北京第2版第7次印刷

购书咨询：010-64518888　　　　　　　　售后服务：010-64518899
网　　址：http://www.cip.com.cn
凡购买本书，如有缺损质量问题，本社销售中心负责调换。

定　价：59.80元　　　　　　　　　　　　　　　　　　　　　版权所有　违者必究

前言
PREFACE

　　就像我们这一代人看到锤子就知道如何使用它，新一代的人类看到一块黑色玻璃就知道用手指头去触摸它。在我们玩泥巴和木手枪的年纪，今天的孩子们玩着iPad。这是新的设计时代，一个关注交互的设计时代。

　　在这个新的时代，传统的工具与玩具变了样，变成了一块屏幕或者屏幕上的图形。技术飞速发展，也推动着人们的生活飞速地变化。设计师的哲学、设计师的方法、设计师的技能面临着巨大的挑战，需要改变，需要创新。

　　这是一个新的设计时代，同时也是一个混乱的设计时代。太多的技术可能性给产品带来无数可能的功能，商业竞争促使厂商让自己的产品看起来花枝招展，消费者却进入了一个困惑的时代，而只有懂得各种技术平台，明白各种操控模式的消费者才是"合格"的消费者。当我们买了一部手机，却真的不明白它到底能干些什么，不明白它怎么去干的时候，无数的"不明白"成为人们和产品进行交流的障碍。在手机卖场里，消费者从来没有觉得自己如此愚蠢。

　　也许人们的生活不需要一个武装到牙齿的手持设备，而只需要一个舒适方便的生活方式。设计是一种重组行为，可以重组一种生活方式，重组一件事的流程，重组一个产品的面貌。对人们的生活而言，技术的工作是添加，而设计的工作却是删除。删除从来没有像现在这样重要过，因为太多的功能给人类带来了负担。人们的生活真的需要这么多产品吗？屏幕上真的需要这么多功能吗？一个恰当的设计流程能让我们避免多余的设计产生。本书关注的是设计的流程和方法，关注如何避免产生错误和多余的设计，这是我们编著的初衷。

　　本书分为两个部分，共8章。第一部分是交互界面设计基础，包括第1章交互界面设计概述、第2章需求研究、第3章信息设计、第4章交互设计、第5章视觉设计、第6章视觉设计案例。第二部分为原型制作与测试，由第7、8章组成，讲解了交互界面原型的制作以及交互界面测试，还包含了一些设计案例。

　　本书作为《交互界面设计》第二版，在更新了设计案例、设计软件教程等章节后，仍然保持着内容简单、实用的特点。希望当读者刚一接触到交互界面设计这一领域时，能够由浅入深，打好基础；也希望这本书能够点燃读者对于交互设计的学习热情，让读者关注用户，关注生活，关注如何让设计更加合理，在成为一名职业设计师之初形成自己的设计思想。

　　本书由北京信息科技大学李洪海、石爽与李霞编著，李洪海负责全书的统稿并编著了大部分内容。参与编著的还有胡懿轩、苏忆丹、刘宇佳、李子夜、李净琳等。感谢共同编著的伙伴们付出的努力，感谢化学工业出版社编辑的认真工作，感谢学习"交互界面设计"这门课程的学生。希望通过本书的写作与交流，读者与编著者都能够在交互设计的学习之路上有所收获。

编著者
2019年5月

目录 CONTENTS

PART 1
第1部分　交互界面设计基础

第1章 交互界面设计概述

- 1.1 什么是交互设计 /002
- 1.2 交互设计的发展历程 /003
- 1.3 交互设计的类型 /005
- 1.4 交互设计的流程 /007

第2章 需求研究

- 2.1 用户研究 /010
- 2.2 任务分析 /021

第3章 信息设计

- 3.1 信息的视觉表达 /025
- 3.2 视觉信息的涵义 /031
- 3.3 视觉信息的整合 /033
- 3.4 听觉与触觉信息设计 /038

第4章 交互设计

- 4.1 交互方式的类型 /040
- 4.2 交互设计的原则 /046

CONTENTS 目录

第5章 视觉设计

5.1 基本视觉原则 /052

5.2 视觉关系原则 /060

5.3 视觉设计综合原则 /068

第6章 视觉设计案例

6.1 视觉设计前期准备 /072

6.2 视觉设计工作的开展 /078

PART 2
第2部分 原型制作与测试

第7章 界面原型制作与测试方法

7.1 低保真原型制作与测试 /124

7.2 高保真原型制作利器——Adobe Experience Design 讲解 /127

7.3 使用高保真模型进行可用性测试 /147

第8章 交互界面原型设计案例

8.1 视觉设计部分 /150

8.2 使用XD进行设计与原型制作 /151

参考文献

第3章
信息设计
025

第4章
交互设计
040

第5章
视觉设计
052

第6章
视觉设计案例
072

交互界面设计基础

PART 1
第 1 部分

第 2 章
需求研究
010

第 1 章
交互界面设计概述
002

第1章 交互界面设计概述

1.1 什么是交互设计

在工业时代,产品的形态可以提示产品的功能和使用方式,当用户看到产品时,无须说明便可以轻松地使用它,就像图1-1所示的茶壶。

△ 图1-1 茶壶的形体提示了用法

随着信息时代的到来,产品变得越来越复杂,工程师与设计师想当然的设计导致了严重的后果,那就是用户面对产品会不知所措,严重地影响了用户使用产品时的体验,甚至阻碍用户正常地使用产品。而交互设计(interaction design)正是在这样的设计背景下产生的一种新的设计方法与设计领域。

人们每天发出几十条评论,用手机玩游戏,使用二维码收钱、花钱,这些活动有的是让人愉悦的,但也有很多让人疑惑或者懊恼。请看下面的几个例子:

● 人们走到一个玻璃门面前,会发现门上贴着一个"推"字或者"拉"字,很多还是主人手写的提示。开门为什么需要提示?会有很多人弄错吗?

● 使用自助绿灯时,按下按钮后没有反馈,需要一直按下去吗?还是需要等待?等多久?

● 给手机下载了一个新的应用软件,却不知道如何卸载。

● 使用网站时,页面杂乱,而且必须要注册成为新用户才能使用。

从上面这些场景可以看出,人们的生活越来越丰富多彩,也越来越复杂。解决这些关于复杂使用的问题是交互设计的任务。交互设计是一种思索如何让产品易用、有效而让人愉悦的技术,它致力于了解目标用户和他们的期望,了解用户在同产品交互时彼此的行为,了解"人"本身的心理和行为特点,同时,还包括了解各种有效的交互方式,并对它们进行增强和扩充。通过对产品的界面和行为进行交互设计,让产品和它的使用者之间建立一种有机关系,从而可以有效达到使用者的目标,这就是交互设计的目的。交互设计是一门新兴的学科,涉及多个领域,以及和多个领域多种背景人员的沟通,这些领域包括工业设计、视觉设计、心理学、信息学、计算机科学等。

1.2 交互设计的发展历程

在20世纪90年代初期,IDEO的负责人比尔·莫格里奇设计了最初的便携式笔记本电脑。这个设计有着小巧的体积与精巧的结构,材质与表面处理也非常讲究。这样一个完美的设计作品却没有让比尔·莫格里奇兴奋太久,他很快被这个产品"里面"的东西所吸引,也就是运行在这台电脑上的软件。比尔·莫格里奇意识到这是一种新的设计领域,与以往的设计都不同,他把这种设计称为交互设计(interaction design)。

实际上,交互设计在比尔·莫格里奇意识到之前很久就出现了,但真正被人们作为研究对象应该是计算机出现之后。但在计算机发展的最初时期,交互设计还是一门比较沉默的学科,直到一些新的创新的发明出现后,交互设计才真正掀开了自己的历史篇章。

(1) GUI的出现

1968年,道格·英格巴特演示了他发明的一个带按钮的小木头盒子,也就是鼠标的原型,如图1-2。他使用这个小盒子进行了点击鼠标、复制、粘贴等操作。这个简陋的小盒子扩大了人们使用计算机的能力,摆脱了只能使用文本输入的方法与计算机进行交流的历史。

△ 图1-2 最初的鼠标

随后施乐公司的计算机Alto和Star的出现更加推进了交互设计的进程。Alto开始使用桌面隐喻,同时鼠标单击、双击等现在已经习以为常的交互方式在此时被发明出来。图1-3所示为施乐Star计算机,其和图1-4所示的苹果计算机在使用模式上还是一脉相承的。

△ 图1-3 施乐Star

△ 图1-4 苹果iMac

推动交互设计大步向前发展的是个人电脑的流行。在20世纪80年代,个人电脑的发展推动了图形界面的大行其道。图形界面即GUI(Graphic User Interface),这一界面模式真正商业化是在苹果的Lisa以及Macintosh系统中,同时代也出现了大批的基于GUI的操作系统,包括微软的Windows。GUI的出现让人与计算机的交互过程变得丰富而有趣起来,这一模式也成为此后二十多年界面交互设计的主流。GUI中最重要的模式是WIMP,即窗口

（windows）、图标（icon）、菜单（menu）与指示（pointer）组成的图形界面系统，系统中也包括一些其他的元素，如栏（bar）、按钮（button）等。

（2）互联网时代

对交互设计再一次的巨大推动是互联网的出现。互联网从20世纪90年代起改变了人们的生活。如果没有互联网，个人计算机只能永远是"工具"，而不会成为"玩具"。互联网让越来越多的普通人有了拥有一台电脑的理由，互联网上无穷无尽的信息、软件应用以及游戏给交互设计提供了广阔的舞台，如图1-5。

◎ 图1-5 互联网已经成为一种习惯

丰富的互联网通过界面交互设计给人们提供了无数种可能，也给计算机赋予了无数个面貌，如图1-6。它可能是一个集市，例如亚马逊和淘宝，也可能是和朋友交流的平台，就像Facebook或者开心网，也可能是新闻报纸或者广播，例如CNN。这些网站虽然有的已经消亡，但却推动着交互设计快速的发展。

◎ 图1-6 十年前互联网的各种面貌

（3）掌上时代

掌上设备的出现源于计算机的小型化，最先流行的掌上设备是移动电话与掌上电脑。最初的移动电话像MOTO或者NOKIA的产品只具有简单的界面，功能只是围绕着通信而展开；早期的掌上电脑像Palm或者Pocket PC是缩小的电脑，功能少一些，运算简单一些。但是，当移动电话和掌上电脑结合到一起的那天，整个掌上设备的交互设计就发生了巨大变化。在目前这个"手机皆智能"的时代，人们当初从桌面PC互联网那里得到的新鲜感又来到了手掌中。苹果的iPhone让智能手机的操作系统摆脱了桌面PC的模式，形成了独特的一套系统——iOS，结合灵敏的触摸屏幕，让掌中设备的用户体验提高到了新的级别，如图1-7。另一种流行的移动操作系统Andriod也给用户提供了丰富多彩的移动应用，如图1-8。移动设备把人们从办公桌上又带回到生活中，交互设计的方式也随之改变，人们不再使用鼠标，而是用手指甚至手势来发号施令。

◎ 图1-7 iOS的移动体验

◎ 图1-8 Andriod的移动体验

（4）智能产品与空间

微电子与传感器的发展拓宽了交互设计的领域，使得交互设计师不必再拘泥于屏幕之上进行设计。TUI（实体界面）、物联网和普适计算等概念让交互设计的空间扩充到生活中的每个角落，想象一下，超市里每个产品都能显示自身的信息；带有界面的办公桌可以让你忘掉计算机这种老古董；发送邮件只需要在屏幕墙面前挥几下手。这样的设计对象对于交互设计师来讲是个巨大的挑战。图1-9是可以和设备互动的桌面，通过这个实体桌面系统，人们可以阅读文章、交换信息，这让30年前的桌面隐喻又变回到现实桌面。

△ 图1-9　实体桌面操作系统

图1-10所示的iRobot清洁机器人可以自主地完成大量的地板清洁工作。这些新交互产品的出现拓宽了交互设计的领域。机器人的发展也等待着交互设计师给人和机器人的交互确定应有的概念与规则。

△ 图1-10　清洁机器人

亚马逊公司推出的ECHO系列智能音箱打开了语音功能交互的大门。各大公司例如谷歌、苹果纷纷推出了自己的智能音箱产品，用来赢得语音交互的门户之战。ECHO基于Alex语音交互系统，可以为用户提供购物、查询、娱乐、控制智能家居产品等多种功能；谷歌推出的Google Home基于Google Assistant，功能与ECHO类似，可以集成该公司的Nest智能家居系统；苹果的Home Pod则重点关注在音乐播放功能上，并通过Siri与iPhone、iPad等苹果产品进行互动（图1-11）。国内的互联网公司也不甘示弱，在国内语音交互技术公司科大讯飞的支持下，也打造了基于各自产业生态的智能音箱产品。例如小米的AI音箱小爱同学、阿里推出的天猫精灵X1以及百度的智能音箱小度等。这些基于语音交互的产品给交互设计开拓了一个新的领域，将语言互动的设计问题引入了交互设计的领域。

△ 图1-11　智能音箱ECHO、Google Home 与Home Pod（从左至右）

1.3　交互设计的类型

交互设计发展到今天，所涉及的领域已经涵盖了建筑设计、空间设计、产品设计、视觉设计等。从设计对象的角度来进行分类，可以将交互设计分为三个大的类别：基于屏幕的交互界面设计、交互产品设计以及服务设计中的交互设计。

1.3.1　基于屏幕的交互界面设计

基于屏幕的交互界面设计是传统的交互设计领域，是指一切显示在屏幕上的交互系统的设计。这一领域也往往被称为UI设计，即用户界面（User Interface）设计。这也是目前交互设计行业中商业化最成熟的领域。本书主要内容都是关于用户界面设计的，书中大多数设计原理及方法都针对的是基于屏幕的设计。

桌上计算机界面、带有屏幕的设备以及掌中设备都是此类交互设计系统的平台。这些平台衍生出软件界面设计、网页设计、手持终端界面设计等多个设计门类。在这一领域，设计师开始关注跨平台的界面设计，也就是说希望每个交互系统界面都能够在桌面计算机、平板电脑以及手机上运行，同时保证用户能获得同样的使用体验。

触摸屏的发展与流行使得基于屏幕的设计脱离了鼠标的束缚,使用手指进行操控慢慢成为主流。这种趋势开始挑战GUI时代的传统界面设计模式,交互设计师在这种变革中获得了更多的机会。

新技术的发展也推动着UI设计前进的步伐,例如增强现实(AR)技术可以让人们把现实生活与虚拟世界相联系,产生复杂而有趣的交互行为。图1-12所示为使用增强现实技术在网页上多视角地展示产品;图1-13为Intel开发的数字零售系统,使用增强现实技术给顾客以全新的体验。

1.3.2　交互产品设计

交互产品是一个范畴很广的概念,只要是开发出的交互系统都可以称为交互产品。一把椅子、一个网站、一个游戏都可以称为产品。而这里所说的产品是狭义上的产品,即工业生产出的产品。交互产品设计可以看作交互设计在工业设计领域的延伸,也可以看作是工业设计发展的一个新阶段。增加产品的交互属性,提升用户在使用产品时的体验是交互产品设计的核心目标。在这一领域中,物联网技术、RFID技术以及各类传感器的使用,使得传统的产品设计有了新的突破点。其中,交互家居设计与公共空间内的交互产品设计比较多见。上文中的iRobot清洁机器人就是典型的案例。图1-14为飞利浦推出的交互式灯具,用户可以用触摸、旋转的方式操控灯具,灯具可以变换颜色作为回应,丰富了人们使用灯具时的体验。

图1-12　网页上的增强现实技术

图1-14　交互式灯具

图1-13　数字零售体验

1.3.3　服务设计中的交互设计

服务设计(Service Design)目前是设计师关注的焦点。在服务设计中,设计对象不再是一件产品或者一个界面,而是为用户提供的整个服务流程。在社会经济的组成部分中,服务性经济的比重越来越大,很多产品型公司也都转型称为服务型公司,例如诺基亚公司。

服务设计与交互设计的关系很密切。服务系统的设计往往包含着交互设计的内容，与用户的沟通、用户的反馈等内容都属于交互设计范畴。图1-12的车型展示包含在整个汽车公司对客户的服务设计中；图1-13的Intel数字零售设计也是零售服务的一部分。类似的还有电信运营商提供的通信服务，里面包含了很多交互应用。2019年德国IF设计大奖中，中国的微信支付"扫码购"获得了服务设计金奖，其设计的核心内容便是整个服务流程中用户、微信及商家之间的交互行为，如图1-15。另外，服务设计的设计流程与方法与交互设计类似，都强调对用户的研究、对流程的优化等。

△ 图1-15 微信扫码购

1.4 交互设计的流程

交互设计的方法很多，主要可以分为两大类，即以用户为中心的设计方法（又称UCD，User Centered Design）和以任务为中心的设计方法（TCD，Task Centered Design）。顾名思义，这两种方法出发点不同，围绕的中心也不同。UCD强调对用户的研究，往往从目标用户的需求与偏好出发，适合全新的交互系统设计；TCD关注任务的实现，不关注用户的偏好，适合开发特定专业的交互系统，例如一个加工中心的编程系统。但这两种方法并不是完全割裂开的，UCD也需要对任务进行定义与分析；TCD也要关注用户在完成任务时的感受。在设计过程中，设计师往往是根据项目特点而

偏重于某种方法。不论使用哪种方法，交互设计的流程是类似的，可以分为设计研究、原型制作、详细设计、设计评估四个阶段。

1.4.1 设计研究

设计研究包括用户研究、任务分析、信息结构分析等内容，最终的目的是明确用户的需求以及系统的功能和设计点。围绕着用户的研究是这一部分的重点内容，使用的方法包括用户访谈、问卷调查、情景调查、焦点小组、卡片法（图1-16）等。最后输出的结果是用户需求的关键点，也就是整个系统设计要满足的设计点。任务分析也是设计研究的主要内容，是把用户需求的关键点转变为系统功能与流程。

△ 图1-16 用卡片法研究用户需求

这一部分的研究还包括信息设计、交互设计以及视觉设计。这三部分并不是单独的设计流程，而是贯穿于整个研究过程的重要原则和方法。

1.4.2 原型制作

交互设计中的原型是非常重要的，一个设计流程往往要制作多个原型。原型的目的是把交互系统的设计方案实物化，可以进行设计讨论、修改以及评估。原型的意义就在于，它可以在不同的阶段让设计变得可以把握，而不是只停留在脑中，对于原型反复修改的过程就是完善整个交互系统设计的过程，如果没有原型，

最终的产品往往会偏离原始的设计概念。原型一般分为低保真原型与高保真原型。

● 低保真原型的制作比较简单、快速，目的是在设计的初期迅速地表达出设计理念，进行一些简单的测试。通过低保真原型发现的错误可以迅速地得到修正，并进行迭代式的评估，直到交互系统完善为止。低保真原型一般用纸制作，有时也会配合一些简单的实物模型，如图1-17。

△图1-17 纸制作的低保真原型

● 高保真原型往往在设计的后期进行制作，尽量接近最终的系统。高保真原型往往用来讨论信息设计、交互设计以及视觉设计的细节。高保真原型制作需要注意的是，要保证在原型中实现的功能、效果能够在最终系统中实现，而不要只为了做原型而做原型。制作高保真原型一般会使用专门的原型软件，例如老牌的原型软件Axure、专注于移动交互原型制作的Flinto、Adobe推出的整合界面设计与原型制作的Adobe XD等，如果系统比较复杂，也可以请程序开发人员直接进行原型版本的开发。在某些情况下，当界面设计比较注重视觉与动态特效时，则需要使用动画软件来制作动效演示，常用的软件是Adobe After Effects。

1.4.3 详细设计

在交互界面系统的架构基本确定后，就可以进行详细设计，一般包括以下几个部分，交互与视觉设计的细化、设计文档的输出以及设计说明的发布。交互与视觉设计的细节需要针对在原型设计与评估过程中的反馈进行调整，主要体现在对交互设计的逻辑、形式以及视觉设计中的色彩方案、文字设计、视觉特效等方面的深化设计。设计文档的输出中，设计师需要将最终界面的交互方式形成文档发布给程序开发团队，并且需要把设计效果图中的图片素材抽取、细化，作为程序开发的原始文件传递给程序开发工程师。设计说明的发布针对的是后续开发，设计师需要将界面设计中的各种设计规格形成指导性的设计规范说明，以方便后续开发中更多页面的设计。设计说明中至少要包括版式设计的尺寸说明、元素的形式与尺寸、色彩方案与色值系统、文字字体、尺寸系统等。图1-18为谷歌公司发布的Material Design设计规范的部分内容。

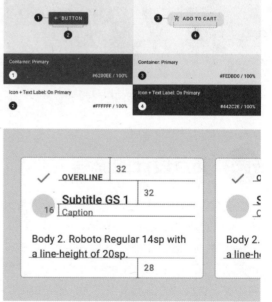

△图1-18 谷歌发布的Material Design设计规范示例（内容来自https://material.io/）

1.4.4 设计评估

交互设计往往是一个复杂的系统，设计师自身的评估很难发现深层次的问题，因此组织专门的评估过程就非常重要。

评估过程可以分为两个方面，一方面是测试系统功能的实现流程是否合理，能否满足用户最初的需求；另一方面可以关注信息的传达和美学因素，考虑用户使用时是否感到舒适。

对交互系统设计的评估不能只在最终完成高保真模型后进行，有些问题从一开始就"潜伏"下来。评估的过程应当存在于整个流程。从一开始的系统雏形形成时，就应当制作低保真模型进行评估，排除错误的设计。设计评估是否有成效也决定了整个系统设计的成败。设计评估常用的方法包括认知预演、可用性测试、眼动仪实验等。

第2章　需求研究

研究设计需求是交互界面设计的开始，不从设计需求出发的设计往往是多余的、没有生命力的。这一阶段的工作可以分为两个阶段，分别是用户研究与任务分析。用户研究阶段输出的结论是用户的需求列表，也可以通过故事板的方式表达；任务分析则是把用户研究得出的用户需求进行深入的分析与研究，以得出满足相应需求的页面元素。这两部分工作的进行并不是完全割裂开的，在进行用户需求研究的过程中，往往包含着任务分析的内容。

2.1 用户研究

在交互设计越来越面对个人用户的今天，以设计师的经验为设计导向的方法已经难以应对越来越复杂的设计问题。因此以用户为中心的设计方法（UCD，User Centered Design）成为设计师的首选。在这一设计方法体系中，用户研究有着非常重要的位置，有可能是在设计开始，也有可能贯穿于整个设计过程。

用户研究是基于心理学的以了解用户为目标的活动。用户研究这一方法广泛地应用在设计、营销、管理等各个领域。对于交互设计师而言，为什么要进行用户研究呢？因为设计师不能够靠直觉与经验进行交互设计。交互设计不同于家居设计或者建筑设计，它更加关注的是用户在交互过程中的感受与体验，而设计师如果不了解用户的生活经历或者状态，就很难把握用户的体验；而且，交互设计也很关注用户使用产品的流程，如果没有充分的用户研究，很可能设计出让用户"迷路"的设计。

2.1.1 用户研究方法

2.1.1.1 定义用户

进行用户研究的第一步就是定义设计面向的用户群体。每个不同的设计项目都会有特定的用户群体，如何定义这些用户并找到合适的用户研究对象是进行用户研究的第一步。一般可以设定一些参数来对用户进行定义。例如，要设计一个无线环境下的手机银行支付软件界面，可以使用这样两个参数来定义用户：

● 使用手机无线平台的经验；
● 使用银行支付系统的经验。

可以使用具有两个维度的矩阵图把用户群体进行划分，如图2-1。

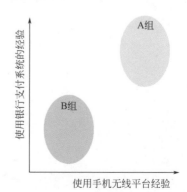

▲ 图2-1　从两个维度划分用户群体

从图2-1中可以看出，A组用户群体使用手机无线平台与银行支付系统的经验都十分丰富，属于"专家型"用户；而B组用户群体的两项经验都比较缺乏，属于"初学者"用户。其他用户也可以按照两个维度进行划分。当然这只是一种两个维度的划分，还可以再设定其他的维度对用户进行定义。

进行用户定义的目的是在进行用户研究时找到正确的用户进行研究，避免因为找到不恰当的用户而影响到正确的结果。

2.1.1.2 用户研究方法

用户研究的方法有很多，常用的包括间接资料搜集、问卷调查、实境调查、观察法、访谈法以及焦点小组等。把这些方法分类，大致可以分为背景调查类、观察类、访谈类三大类。

（1）背景调查类

这一方法的核心是输入现有的背景资料，输出对于用户研究有用的信息。在这一类别中，有间接资料搜集、现有流程分析、竞争对手分析等多种方法。

① 间接资料搜集。在背景类调查方法中，最重要的用户研究方法是间接资料搜集。这种方法指在图书、报刊、互联网上搜集与设计内容相关的各种背景资料。由于这些资料并不是设计师直接从用户那里得来的，所以统称为间接资料。

间接资料搜集这一方法的优势是能够在很短的时间内获得大量的设计相关信息，这些信息虽然不是从用户那里直接得来的，但由于其真实性和详细等特点，是非常有价值的。设计师可以对这些资料进行整理分析，根据自己的设计目标用户群的特点进行筛选，以获得有助于设计的信息。

印刷品类的间接资料搜集一般在图书馆或者书店里进行。一般而言，当设计师面对一个设计任务时，社会上必定有人在关注着同样的问题，这些人会根据事实进行分析与创作，最终把结果发表在报刊、图书上。这些资料会反映出在某一问题上用户的现状、感受、期望等各种有用信息。

另外一种重要的间接资料的搜集方法是互联网搜索。通过百度或者谷歌这样的搜索引擎可以获得大量的相关资料与数据。但相对于印刷品上的间接资料，互联网上的资料有这样几个问题需要注意：

时效性。互联网上的资料有可能是几年之前的信息，如果不仔细核实发布时间就有可能获得错误的指引。

重复资料。大量的重复资料会影响到后续的资料整理。

非权威资料。互联网上的资料来源也是需要甄别的内容，有很多非权威的资料是不能用来获取信息和说服别人的。

② 现有流程分析。这一方法的意义在于首先让设计师了解设计目标的现有状态，通过对现有状态的流程分析，获得新的设计机会。使用这一方法时，要将设计对象现有的工作流程进行描摹与细化，必要时可以进行体验式流程分析，也就是设计师要亲身地使用系统并将使用的体验进行记录以供分析使用。

③ 竞争对手分析。设计是一项商业行为，交互设计也是如此。在商业环境下，竞争对手的产品是非常重要的研究对象，不论是成功的产品还是失败的产品。对于竞争对手的成功产品，需要从设计、商业表现等方面进行分析，获得有益的设计经验；对于失败的产品，则要从失败的原因入手，避免同样的错误再次发生。

例如设计师可以使用IBM公司衡量软件的方法来分析竞争对手的优势与劣势。这一方法叫作：CUPRIMDSO，是9个单词的缩写。这些单词是：

Capacity（功能）、Usability（可用性）、Performance（运行效率）、Reliability（可靠性）、Installability（可安装性）、Maintainability（可维护性）、Documentation（文件管理）、Service（服务质量）、Overall Satisfaction（综合满意程度）。

竞争对手是设计师最好的教师之一，从竞争对手那里得到的经验与教训会让设计师少走很多弯路。

（2）观察类

观察类的用户研究方法是最常用的方法类型。观察法要求设计师进入用户使用系统的情景中去，直接接触用户以及用户使用的系统，能够方便快捷地获得大量的第一手资料。但观察法也有其缺点，那就是需要耗费较长的时间和较大的费用。

通过观察法，用户研究人员可以详细地研究用户使用交互系统的实例，因此可以获得以下信息：用户的使用环境；环境对界面的影响；用户使用交互系统的方式；用户完成一个任务的过程；用户是否同时还在使用其他的产品或者界面；用户在使用什么样的术语；什么任务花费了用户太多的时间等。

观察类的用户研究方法包括影子跟随法、视频观察法等。

① 影子跟随法。顾名思义，影子跟随法是指当用户使用交互系统或者进行相关活动时，用户研究人员跟随着用户进行观察，就像用户的影子。这是一种方便实施的用户研究方法，只要和被观察的用户沟通好时间与观察的方法，征得用户同意就可以。这也是一种非常有效的用户研究方法，在跟随用户的过程中，研究者可以发现用户习惯，记录用户使用系统的过程，体会用户使用系统的感受，最有效的是，可以和用户不间断地沟通与交流。研究者进行影子跟随法时，应当把这些一手资料记录下来。这里需要提示的是，只是用笔来记录是不可靠的，应当同时进行拍照、录音或者摄像。当结束对用户的影子跟随后，把这些照片、音频和视频进行整理和总结，会获得大量的有效信息。

② 视频观察法。视频观察法指当用户使用交互系统或者进行相关活动时，将用户置于摄像机的监控之下，用户研究人员在用户不知情的情况下对用户进行观察。当然，这种观察必须要征得用户的同意。

视频观察法大致可以分为两种形式。一种是召集用户，在用户研究实验室里进行观察。这种方式可以直接使用用户研究实验室里的视频摄像系统，研究人员在观察室里进行观察与分析。对于环境影响较小的交互系统研究可以使用这种方式，例如网页使用研究。而对于与环境关系密切的交互系统的用户研究，如家庭娱乐系统的研究，则适用于另一种方式。这种方式需要将摄像设备安装在用户使用交互系统的环境中，如用户的家里。完成录制后，研究人员通过研究用户使用系统的视频来进行分析。

（3）访谈类

访谈是一种传统的用户研究方法，是通过用户描述的方式来获取交互界面使用中用户的问题及感受等。访谈类方法的优势很多，首先是实施方便，成本低廉。研究人员可以把访谈结合着其他研究方式同时进行，比如观察法。其次是可以获得大量的信息，访谈时通过与用户的不断沟通与交流，可以挖掘出用户的深层次的想法，如果结合问卷，那就会有非常可观的数据量。访谈类方法的缺点在于，过于依赖用户的主观认识，不可避免地会产生片面的观点，因此需要将多个用户的观点进行比较与分析。

访谈类的方法包括面谈法、焦点小组以及问卷调查等。

① 面谈法。顾名思义，面谈法指的是研究人员与用户面对面地交谈，并回答研究人员提出的问题。这种方法是应用最广泛的用户研究方法。这种方法能够在面对用户的情况下，进行深度的讨论，获得较多的有价值信息，主要的缺点是效率低，因为面谈每个用户会花费较多的时间。

面谈法对于研究人员的要求较高，因为在面对面的访谈过程中，如何能够获得有用的信息并避免用户厌烦是很有挑战的一件事。同时访谈过程是研究人员和用户互相交流沟通的过程，需要研究人员根据用户的访谈情况进行问题的追问，或者将扯远的话题再拉回到主题上。这要求访谈人员在面谈之前要做好充分的准备。这些准备包括：

● 与用户约定访谈时间、地点以及参与的人员；

- 详细的访谈提纲；
- 用户背景分析；
- 访谈工具：礼物、记录本、笔、相机、录音笔等。

在面谈过程中，还应当避免一些不恰当的提问，因这会影响到用户信息的准确性与有效性，也会让被访者感到不舒服。面谈的一个基本原则就是让用户尽可能地放松，这样他才能说出自己的真实感受。这些不恰当的提问包括以下几种：

- 带有引导性质的问题，例如：这个产品有多不方便？
- 不够中立的例子。
- 提问中带有研究人员自己的倾向。
- 不明确的问题，让用户无法回答。
- 过于直白的提问，容易引起用户的自我防备，例如：您在使用过程中犯了多少错误？

研究人员应当尽量精心地准备问题，对于"这个产品有多不方便"这样的问题，可以改成"谈一下使用这个产品的感受"，在放松的状态下，如果有不方便的地方，用户自然会提到。对于"您在使用过程中犯了多少错误？"这个问题，可以改成"您能谈一下使用这个产品不能完成某个任务的情况吗？"

面谈结束之后，要尽快将面谈记录进行整理，以免遗漏重要信息。面谈法虽然是一种有效的用户研究方法，但是它也有一个非常明显的缺点，那就是过于依赖访谈的质量。这里所说的质量，会受到很多因素的影响，例如被访对象对访谈的认真程度，或者被访对象并没有意识到的一些问题等。这就需要另外一种方式来弥补面谈法的不足，那就是焦点小组。

② 焦点小组。焦点小组法需要召集6～9名被访用户，在一个主持人的引导下对问题进行讨论。焦点小组相当于一个群体性的访谈过程，因此最大的优点是效率高，可以在较短的时间内获得多个样本的信息。同时由于参与者之间会对问题进行交互式讨论，观点之间的相互碰撞也会让讨论进行得更加深入，并且有更多的新想法产生。但焦点小组也有明显的缺点，比如对主持人的要求比较高，主持人要保证整个讨论过程的顺利进行，并应当积极争取让每个用户都能参与到讨论中来。由于被访用户都是从自己的环境中抽离出来，到一个陌生的环境中参与讨论，也会对用户想法的表达有一些影响，尤其是在谈论一些关于自身感受的话题时，在群体讨论中，用户表达意见时有趋同的现象。因此焦点小组法要谨慎使用，以免达不到预期的效果。

③ 问卷调查。问卷调查的方法应该是所有用户研究方法中最常用的方法之一。它的特点是实施简便，花费较少，数据量大，非常适用于时间紧迫、预算有限的项目。但问卷调查这一方法非常依赖问卷设计的质量，设计一份公正有效的问卷并不容易。用户在填写问卷时不可避免地会有一些漫不经心的选择，这也是影响到问卷信息有效性的问题。因此，如果用户研究时间充裕，尽量不要把问卷调查作为唯一的用户研究手段，而是作为一种基础数据获取的手段，通过问卷调查获得一些用户信息和用户数据来作为访谈、观察等方法的依据和参照。

随着互联网对大众生活的渗透，使用互联网进行问卷调查变得非常方便和快捷。如果是一些简单的用户数据搜集与研究对象招募，可以使用一些社交网站上的调查工具，如腾讯的微信问卷。同时也有一些专业的问卷调查网站可以帮助研究人员轻松地完成问卷调查。下面介绍两个比较常用的问卷调查网站。

- http://www.surveymonkey.com/

SurveyMonkey是美国著名的在线调查系统服务网站，功能强大，界面友好。但免费版限制较多，每份调查仅限10个问题，仅能收集100份调查结果，可以用于用户基本信息搜集和被测人员招募，如图2-2。

SurveyMonkey网站的使用非常简单，整个问卷调查的过程分三步来完成，分别是选择主题、增加问题和收集回应，如图2-3。

△ 图2-2　SurveyMonkey界面

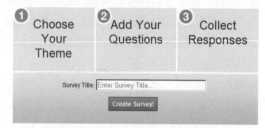

△ 图2-3　制作问卷的三个步骤

在增加问题这一环节中，SurveyMonkey网站提供了问卷调查中常用的若干问题类型，包括单选题、多选题、评论框、矩阵选项等，如图2-4。

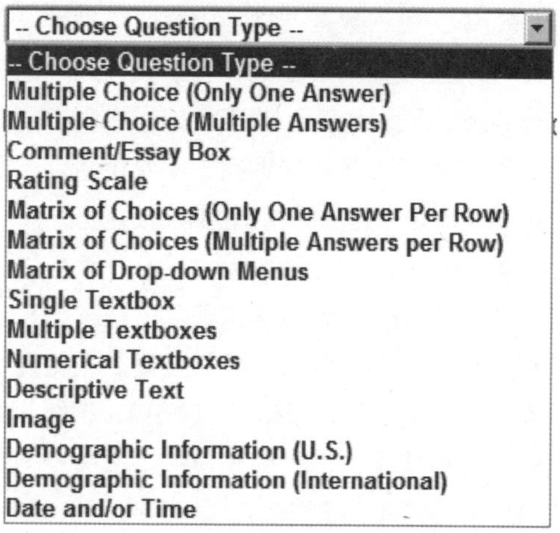

△ 图2-4　SurveyMonkey提供的问题类型

完成的问卷可以通过邮件，或者即时通信工具发送给多个用户，让其填写，填写完成后问卷会返回到网站，网站会根据研究者的需要进行数据的分析。

- http://www.oqss.com/

国内基于互联网的问卷调查系统种类也非常多，比较常用的有OQSS（图2-5）、问卷星、问卷网、腾讯问卷等。这些网站的功能类似，可以根据使用习惯选择。

△ 图2-5　OQSS网站的初始界面

登录进入OQSS系统之后，会有创建问卷、发送任务等功能选项，如图2-6。使用这一系统也是从创建一个问卷开始，如图2-7。

△ 图2-6　OQSS网站的主要功能

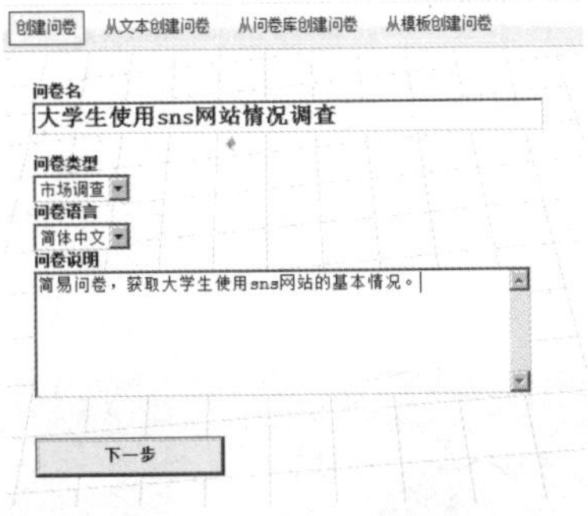

▲ 图 2-7　从创建问卷开始

OQSS 系统提供了文字输入题、数值输入题、简答题、单选题、矩阵题、多选题、等级题、排序题等多种题型。在其系统界面中，可以清楚地进行题目的增加、修改和删减等。问卷设计的核心就是问题的设置，这需要用户研究人员根据自己研究的课题和调查对象特点进行题目设置，如图 2-8。

▲ 图 2-8　问卷的创建

完成后的问卷也可以在系统里进行编辑修改，如图 2-9。最后生成的问卷如图 2-10。

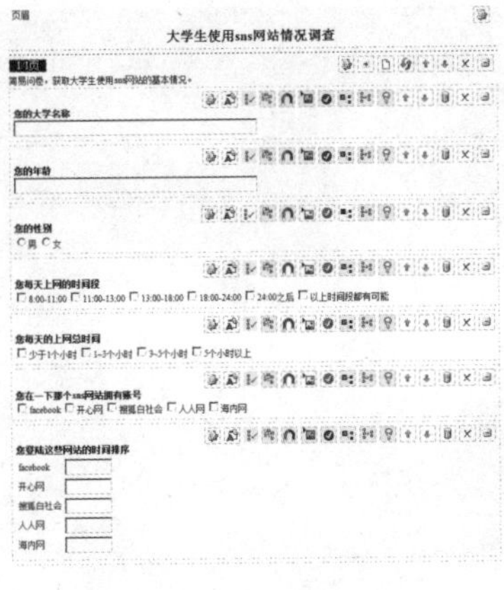

▲ 图 2-9　问卷的编辑

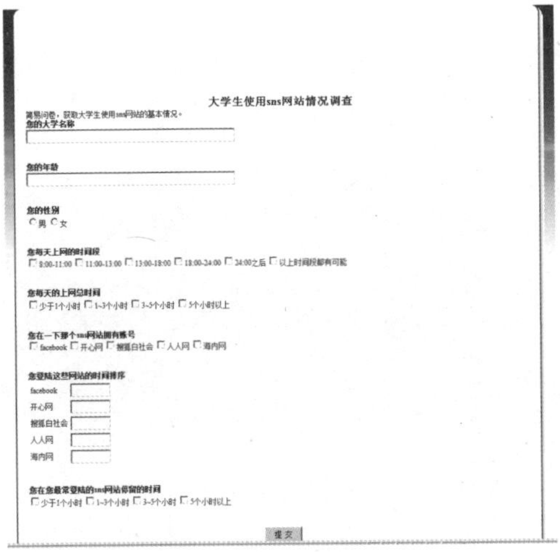

▲ 图 2-10　最后生成的问卷

在 OQSS 系统中，完成后的问卷可以通过发送网址或者嵌入网页链接的方式将问卷发送到被访用户的邮箱里或者网页上。用户填写完成后，提交问卷，问卷信息就会返回到 OQSS 系统中。当用户的问卷返回的数量达到要求时，就可以进行下一步的数据分析。

OQSS 提供了多种问卷结果的分析工具，研究人员可以直观地对数据进行汇总和分析，图 2-11 是问卷情况的总体分析，图 2-12 是针对单个问题的分析图表。OQSS 还是可以进行交叉分析等非常有效的分析工具，例如在这个问卷中分析每天总的上网时间和在 sns 网站上停留时间之间的对比等。这个系统中的所有数据都可以导出为 Microsoft Excel 格式进行保存。

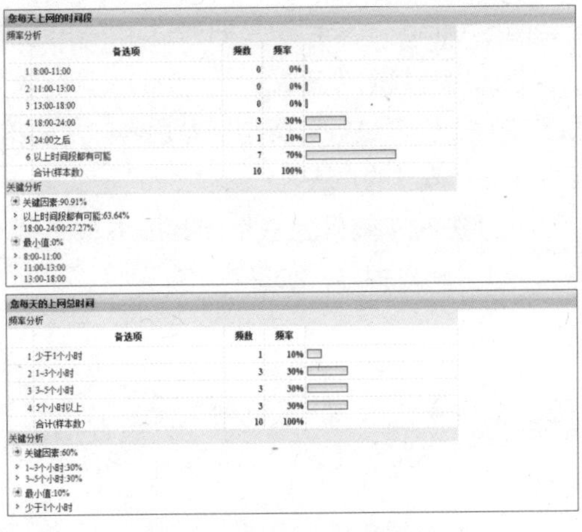

▲ 图 2-11　问卷情况总体分析

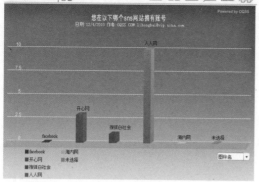

◎ 图2-12 针对单个问题的分析图表

作为以设计交互界面为目的的问卷调查，没有必要做成专业调查公司做的那种问卷，主要围绕自己的设计题目来进行题目设置。交互设计用户研究更加关注面对面地与用户交流，以及用户在环境内的行为，因此更多的情况下问卷调查往往只是作为访谈或者观察之前的初步研究来用。

2.1.2 用户研究数据的整理

通过上一节中的多种用户研究方法，设计师可以获得各种相关的用户数据，那么设计师如何从这些繁杂的数据中获得设计概念呢？在这一阶段，常用的方法有卡片法、虚拟角色以及编写故事板。

（1）卡片法

整理用户需求最常用的方法是卡片法（Card Sorting）。卡片法是把通过用户研究方法得来的用户数据转变成一个一个的设计需求，写在卡片上，再进行分类与创意思考，从而得出若干设计概念的方法。

卡片法的实施分为三个步骤：书写卡片、卡片分类、概念提出，如图2-13。

◎ 图2-13 卡片法的三个步骤

① 书写卡片。在这一步骤中，设计师组成小组，把从用户那里得来的信息转变成设计需求书写在卡片上，把卡片粘贴在白板或者白纸上。这里用到的卡片一般是即时贴，如图2-14。

◎ 图2-14 使用即时贴书写卡片

书写卡片时需要注意的问题有以下几个：
● 每一张卡片上只写一个需求；
● 用词要简洁，避免模棱两可；
● 从用户的角度出发，也可以以第一人称写成"我需要……"；
● 尽量多写，但不要超出用户需求的范围。

② 卡片分类。书写卡片完成后，设计师下一步要进行的是对卡片的分类。分类的目的是把用户需求进行整理和组合。每一类别的卡片要重新移动从而按照一定的类别归组，同时使用不同颜色的新的卡片把类别名称写出，如图2-15。在把每一张卡片进行移动和组合的过程中，可以产生很多新的创意与设计概念。在卡

◎ 图2-15 将卡片分类

片分类时需要设定一些标准,这些标准可以作为下一步创意表达的分类。而且,这些分类项目在未来很可能演变为交互界面的功能分类,成为菜单项或者界面的栏目。

③ 概念提出。在这一阶段,设计师需要通过前两个步骤进行创意概念的提出。在卡片书写的过程中产生了大量的用户需求,而这些需求有些难以实现,有些又会偏离主题。通过卡片分类这一过程,可以把无效的需求过滤掉并通过需求的碰撞产生新的设计概念。设计师需要把这些设计概念点整理出来作为下一步设计的开始。整理与展示设计概念可以使用一些绘制脑图(Mind Map)的软件完成,例如MinManager或者SmartDraw。图2-16所示为校园一卡通概念设计的用户需求概念展示。

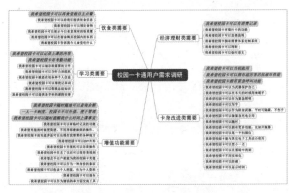

△ 图2-16　校园一卡通需求概念

在这个例子中,需求调研与分析过程中产生的概念点都在图中被标示出来,包括:
- 饮食类需要
  ※ 我希望校园一卡通可以自主点餐;
- 理财类需要
  ※ 我希望校园一卡通可以有消费记录;
- 学习类需要
  ※ 我希望校园一卡通可以记录课上笔记;
  ※ 我希望校园一卡通可以有考勤功能。

这里就不一一列举了。这里列出的用户需求也可以称为"设计点"。这些设计点会成为编写故事板的依据。经过设计,这些功能的分类可能成为交互界面的栏目或者功能组,而这里的一个个用户需求可能成为未来交互界面的功能。

(2) 虚拟角色

完成了用户需求整理以及概念提出之后,需要进一步对设计概念进行阐述以及分析。在用户为中心的设计方法中,虚拟角色的方法是常用的手段。

虚拟角色(personas)这一方法的核心是创造一个虚拟的用户形象,之后的设计工作都围绕着这一形象进行。虚拟角色是从大量的调研数据中得来的用户形象,具有相应的交互产品用户的典型特征,同时也具有这些用户的典型需求。虚拟角色方法的优点是可以把复杂的典型用户群体概念化,特定为一个或几个具体的人物,从而让设计师在进行创意与设计时可以迅速地将思维关注到这样一个具体的人物上。同时,不同的设计师之间的交流也有了一个桥梁。

虚拟人物的特征是从大量的目标用户中抽离出来的,在创建这个人物时要尽量详尽,至少包含以下几方面的要素:

- 生理特征,包括年龄、性别、形象等。这里需要绘制一个人物形象或者使用一张照片来描述这个虚拟角色。
- 心理特征,包括性格、好恶、对人生的态度等。
- 背景,主要指这个人物的生活环境与生活状态,描述背景最好的方式是描述这个人物一天的生活。
- 与要设计的交互设计之间的关系,这个人物必须和要设计的交互系统有关联,也就是说他必须是这个系统的用户。

图2-17所示的就是校园一卡通概念设计的虚拟角色设计。这个名叫Ami的角色是一名在校的大学生,年龄20岁。绘制的卡通形象可以迅速地让人确定这个人物的基本形象:一名天真、简单的大学生。

通过对Ami一天生活的描述,设计师们可以确定这名人物的生活背景,也很容易把要设计的校园一卡通这一交互产品融入虚拟角色

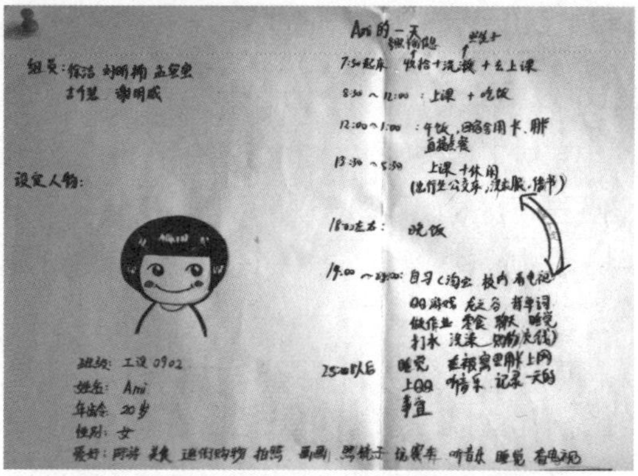

图2-17 校园一卡通虚拟角色设计

的生活中。

为了更多地覆盖可能的用户，虚拟角色可以用四象限方法进行设计绘制。首先设定两个人物特征维度，然后在形成的四个象限中完成特征人物的绘制（图2-18）。

事板里可以进行形象的展示。

在编写故事板时应注意以下几个问题：

● 不要遗漏设计点；

● 故事板要围绕着虚拟角色展开，角色的行为要和他的定义相吻合；

● 故事板不是流程分析与研究，不必绘制过细的使用流程，而要关注使用情境、交互的结果以及用户的感受；

● 要根据设计的侧重点绘制故事板，不要描绘太多细节而喧宾夺主，例如有些针对电脑屏幕的交互设计就不需要过多描绘环境，而有些针对手持设备的交互设计则不必过多描绘屏幕界面的细节。

图2-19是为旅行App设计绘制的故事板，图2-20是针对校园一卡通概念设计绘制的故事板。

图2-18 虚拟角色设计

图2-19 旅行App使用情境故事板

（3）编写故事板

设定好虚拟角色，就可以进行故事板编写了。故事板是理清设计概念、表达设计创意的方法。任何交互设计都是用户在环境中使用，并且带有一定流程性的，因此在交互设计流程中，单幅的草图是无法表达清楚设计概念的。这里就体现出故事板的两大优势，一是可以把使用环境和交互产品结合起来，二是可以把交互产品的整个流程体现在故事中。

故事板可以是文字形式，也可以用手绘或者图片的形式表现出来，故事板编写的依据就是概念提出中得出的设计点。这些设计点在故

图2-20 校园一卡通使用情境故事板

2.1.3 用户研究练习

本次设计项目实践的题目是"大学新生

活"。针对刚刚入学的大学生,研究他们的心理状态和需求,做一个交互界面设计。本次项目实践只做到需求分析和故事板即可。

"大学新生活"项目练习案例一

(1) 设计项目描述

对于新的大学生来讲,即将从每天按部就班的高中生活,进入自由时间很充裕的大学生活,这就需要合理管理自我时间,而且日常获取所参加的组织活动的时间点等公告信息往往不是很及时,只有经常留意公告才能知道,而不是随时随地即刻了解。本交互系统的设计围绕着大学新生合理利用时间的需求,制作一个可与手机进行联机的时间管理网站。

(2) 用户研究

本次用户研究使用的主要方法有:问卷调研、访谈、卡片法等。

① 问卷调研与访谈,如图2-21、图2-22。

◎图2-23 数据分析图(一)

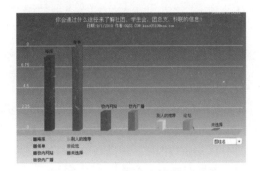

◎图2-24 数据分析图(二)

③ 图2-25为使用卡片法进行的需求分类。

◎图2-21 "大学新生活"项目访谈场景(一)

◎图2-22 "大学新生活"项目访谈场景(二)

② 问卷与访谈的数据分析如图2-23、图2-24。

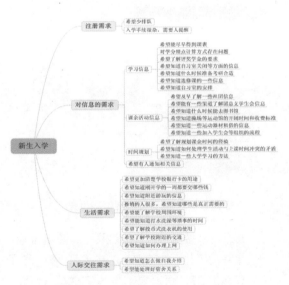

◎图2-25 "大学新生活"卡片法

④ 通过以上用户研究,最终得出的需求为:

● 需要一个时间管理系统可以提供时间点提醒;

● 可以加入自己喜欢的组织,及时从手机

上了解活动的时间、地点；

● 在与网站进行连接的手机上输入学号，可在上完课以后立即显示下节课的时间、地点；

● 支持时间规划，并可以及时更新。

"大学新生活"项目练习案例二

（1）设计项目描述

大学新生刚入大学会有许多困惑：怕自己落下本班级的活动；怕自己的学习与别的同学有差距；怕自己找不到地方而耽误事，在外人面前出丑等。这一组学生针对以上问题，展开具体分析，最终以"为解决新生上自习问题，从而安排好自己的生活并尽快适应大学生活"为目的，进行交互界面设计。

（2）用户研究

本次用户研究使用的主要方法有：间接资料搜集、问卷调研、访谈、卡片法等。

① 间接资料搜集。搜集间接资料的方法有很多，此案例使用的方法分为四个步骤，如图2-26。

○ 图2-26　间接资料搜集的步骤

在进行间接资料搜集的过程中，要尽可能地搜集多种媒体上的信息，这样才可以做到全面，如图2-27、图2-28。搜集完成后，可以将信息用卡片法进行归类，并提取关键词，如图2-29。

② 问卷调研。问卷调研主要采取在校园内寻找适合用户进行街头调查的方式，如图2-30。

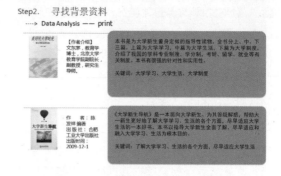

○ 图2-27　从印刷品上搜集间接资料

○ 图2-28　从互联网上搜集间接资料

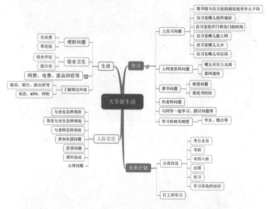

○ 图2-29　使用卡片法分析间接资料

○ 图2-30　在校园内进行问卷调研

2.2 任务分析

在以任务为中心的设计方法中,设计师会专注于对任务的定义与分析,但这并不意味着以用户为中心的设计方法就可以忽视对任务的分析。实际上,任何用户的动机、需求都需要转化为任务才可以实现。

在以用户为中心的设计方法中,用户研究过程得到的是用户的需求列表和故事板。设计师需要在需求列表中选择有价值的用户需求进行进一步的设计。用户需求只是一些虚幻的概念,如何将这些概念转化为设计对象是本小节讨论的主要内容。在将概念转化为设计对象的过程中,任务分析对这一过程起到了非常重要的作用。任务分析是将用户的需求转化为目标,再将目标转化为结构化任务,并分析任务之间相互关系的一种方法。

结构化的任务往往会被表达为一个流程图,流程图中包含了用户实现一个目标所需要的每个任务、任务的顺序以及任务之间的交互。在大多数情况下,流程图中的每个任务都对应着交互界面中的一个或者一组页面,根据流程图里包含的每个任务,设计师便可以开展进一步的页面设计。图2-31所示为简单的网站功能流程图。

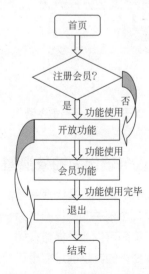

▲ 图2-31 网站功能流程图

2.2.1 任务分析的方法

任务分析的方法来源于对生活的体验,包括设计师自己的生活体验以及对日常生活中其他人的观察。人们在日常生活中的很多行为都包含着任务与流程。例如下厨房炒菜,包含着准备原材料、热锅、放油、炝锅、炒菜等若干任务,同时这些任务必须按照流程来完成,否则炒菜这一目标就难以完成。把这种对日常生活中人们行为的研究应用到界面设计过程中,有助于达到让用户尽可能自然、直接地完成界面使用的目的。在分析任务的过程中,经常会用的方法有任务的分解以及任务的层级分析等。

(1)任务的分解

任务的分解是将用户的需求概念转变为明确任务的过程。在界面设计中,用户的需求有时比较简单,例如分享一些信息;有时则比较复杂,例如寻找一家合适的餐馆并在现实生活中找到它。不论用户的需求是简单还是复杂,都可以从以下几个方面去分解它。

● 目标。为什么要有这样一个需求?用户要达成的效果是什么?使用目标可以明确地定义出用户使用这个界面的目的。

● 方法。方法是实现目标的手段与路径。如果只是在界面设计领域,方法大多为对界面的操控,当然也包含一些外部设备的辅助,例如使用打印机打印等。

● 任务。目标往往综合而且复杂,而任务则是明确的步骤与行为。

分解用户的需求可以从故事板开始。在故事板中,设计师可以通过分析和编故事的方法把用户需求转化为目标,并进一步分解为任务。下面分析一个文字格式的故事板。这个故事板的内容是关于一个传统美食搜索网站的餐厅搜索功能的。

今天下午,老李想去看望他的一个来北京出差的朋友。而且老李想在朋友住的酒店附近找个餐厅同朋友一起吃晚饭。由于老李对那附近的餐馆不熟,他想出发之前应该先在网上找一个合适的餐厅。

坐在电脑面前,老李打开了一个原来收藏过的专门介绍餐厅的网站。网页很快打开了,老李心目中合适的餐馆有这样几条标准:

① 地点就在朋友住地附近;
② 最好是川菜(他和朋友都爱吃);
③ 环境要安静,适合交谈;
④ 价格不要太贵。

进入网站之后,老李在首页的餐厅查询栏目里选择了:地点、菜系、人均消费价格区间三个关键选项,然后按下"查询"按键,这时出现了餐馆信息页面。

在这个页面里,共列出了二十几家符合老李查询标准的餐厅。老李逐一浏览了这些内容,在里面选择了三家比较感兴趣的餐厅。老李点击第一个餐厅的名称,网站跳转到餐厅详情页面。他仔细浏览了这个页面里的内容,包括餐厅价位、特色菜、餐厅图片、餐厅评论、优惠活动等。之后,他又返回到上一层页面,逐一打开了其他两个餐厅的详情页面并浏览比较。

三家餐厅的情况相差不多,但有一家推出了吃满100元酒水免费的活动,老李对此优惠比较满意,心里就选定了这家。他重新打开这家餐馆的详情页面,按下打印键,把这家餐厅的电话、位置地图等信息打印出来,以便寻找。同时,他也把另外两家的详细信息打印了出来,作为备选。

老李拿着打印出的信息,心里想:网络确实给我的生活带来了方便!

对于这个故事版中的需求分解如下:

用户是老李,设计对象是介绍餐厅的网站,需求是更加快捷、有效地寻找餐厅的体验。

目标定义为寻找符合标准的餐厅,标准如下:

● 地点就在朋友住地附近;
● 最好是川菜(他和朋友都爱吃);
● 环境要安静,适合交谈;
● 价格不要太贵;
● 方法为使用有餐厅搜索功能的网站;
● 任务包括:登录、查询、浏览、比较、

评论、打印等,把任务归纳一下,如图2-32。

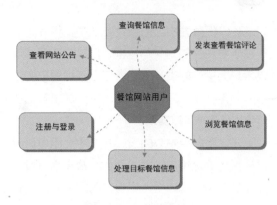

△ 图2-32　任务分解

(2) 任务的层级分析——生成流程图

任务流程图的生成可以通过任务金字塔分析来完成。任务金字塔分析是对任务层级的分析,一个复杂的任务需要分解为若干子任务来完成。针对每一个任务,按照从上往下的顺序分解为一个流程,直到这一流程中包含的每个行为都不能继续分解为止。在上面例子中,查询目标餐馆、浏览餐馆信息和处理餐馆信息的任务金字塔如图2-33所示。

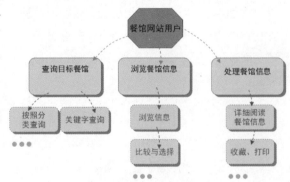

△ 图2-33　任务金字塔

2.2.2　任务输出为抽象视图

流程图输出之后,设计师就可以把每一个子任务或者几个相关的子任务作为一个页面来处理。这个页面可以成为简略视图。页面定义好之后,需要做的就是确定每个页面里的视图元素,也就是每个页面中应当放置的元素。视图元素可以分成内容元素与行为元素两大类，如图2-34。

在设计过程中，设计师需要定义出每个任务所对应的页面中的内容元素与行为元素。在上面例子中，定义餐馆信息的查询、浏览以及处理页面就分别包含内容元素与行为元素，如图2-37。

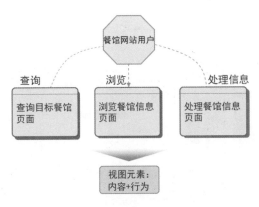

△ 图2-34　将任务转化为简略视图

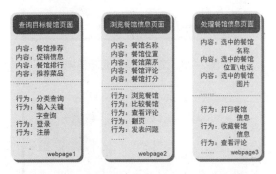

△ 图2-37　餐馆网站页面中的内容元素与行为元素

内容元素可以理解为页面上展示出的各种文字、图片、视频等信息；而行为元素则可以带来操作与交互的按钮、链接等。在图2-35所示的网页中，右侧的文字为内容元素，左侧的文字链接为行为元素。

△ 图2-35　包含内容元素与行为元素的网页

在图2-36中所示的iPad应用程序界面中，绘制出的图形是内容元素，而菜单里的命令都是行为元素。

定义好每个页面上的内容与行为，设计时就可以绘制页面的粗略视图。大多数情况下，粗略的草图是手绘在纸上的，以便迅速修改以及和其他人沟通，有时也可以用简单的图形或者文字处理软件进行设计。图2-38所示为查询目标餐馆页面的粗略视图。在这个粗略视图中，图2-34里定义的内容和行为都放置在页面上，并进行了简单的分组。使用同样的方式，完成浏览餐馆界面和处理餐馆信息界面的粗略视图设计，如图2-39、图2-40。

△ 图2-38　查询目标餐馆界面粗略视图

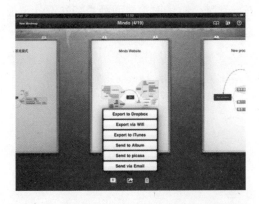

△ 图2-36　包含内容元素与行为元素的应用界面

当设计师设计出界面的粗略视图时，也就明确了每个页面需要呈现的元素。下面可以再多做一点工作，把各个页面的关系用图表的方式表达出来，如图2-41。

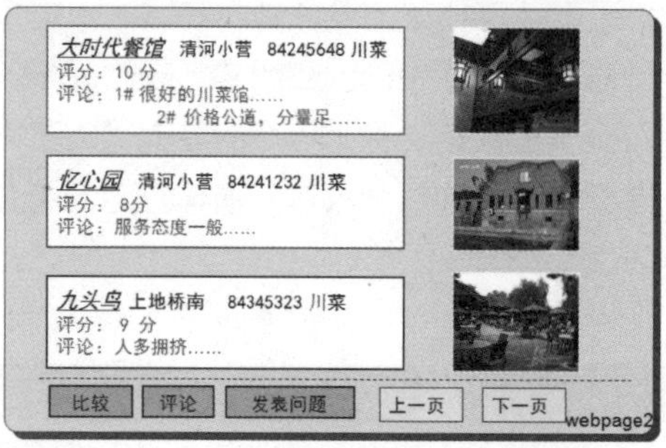

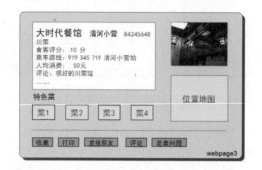

图2-39　浏览餐馆界面粗略视图

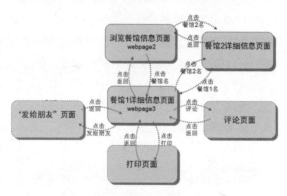

图2-40　处理餐馆信息界面粗略视图

图2-41　各页面之间的关系视图

最终的页面关系图需要结合页面的设计草图进行描述，这部分内容可以作为进一步交互设计与视觉设计的基本文档进行传递（图2-42）。

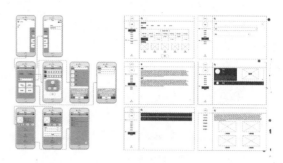

图2-42　页面关系图

本章小结

本章主要讨论了交互设计流程中两个重要的问题，一是如何挖掘到用户的需求，二是如何分析需求并得出设计的原始素材。这两个步骤是交互设计的起始阶段，决定了设计的方向。在这一阶段中要注意以下几个问题。

● 选择恰当的用户进行研究。

准确地定义用户并选择恰当的用户进行研究，这样可以保证用户研究结论的准确性。

● 使用正确的方法。

不论是用户研究还是任务分析，都有大量的方法可以选择。要根据用户的特点选择正确的研究方法，这样既能保证研究结论的价值，也能提高设计过程的效率。很多时候，一些简便的非正式的研究方法也能够得到很好的效果。

● 保留原始文档。

用户研究的原始数据非常重要。有时设计进行到某个阶段时，要回顾最初的设计定位，这时原始的研究文档就可以提供相应的支持。

信息设计 第3章

上一章的内容是用户需求分析。在用户需求分析过程中，设计师获得了用户对界面系统的需求，并且把需求转化为具体的任务；通过对任务的分析，设计师已经可以得到较为具体的设计对象，也就是带有内容和行为的界面缩略视图。

界面缩略视图让设计师清楚了应该在页面中呈现的内容，但对于设计师而言，这些内容如何呈现更加重要。这决定了设计出的界面产品是否真正好用，是否能够吸引用户不停地使用你的产品。

页面内容的呈现属于信息设计的范畴。信息设计是一个非常宽泛的领域。狭义的信息设计把信息作为设计对象，旨在使信息传递更加有效，并关注用户在使用信息过程中的体验。交互界面中信息的处理过程可以分为三个阶段，分别是感知信息、解释信息和整合信息。在不同的阶段，设计师需要掌握相应的设计理论与方法。传统界面设计中的信息类型主要是视觉信息，针对信息处理的三个阶段，本章主要从信息的视觉表达、视觉信息的涵义和视觉信息的整合三个角度来阐述视觉信息设计的理论与方法。

3.1 信息的视觉表达

信息视觉化的过程是设计师将信息以文字、图形、表格、动画等形式表达出来的过程。这是将交互界面的页面进行细化的第一步，需要将页面中的内容与行为元素经过信息视觉化的表达让用户感知。如图3-1所示，文字和图形都可以准确地让用户感知到要传达的信息。这样的视觉信息就如同有人在告知你瓶内物品有毒。

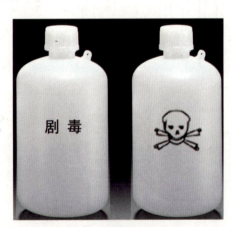

▲ 图3-1　信息的视觉传达

在信息视觉化的过程中，设计师需要进行的工作包括选择恰当的视觉形式来表达信息以及规划合理的视觉信息结构。这些工作所遵循的原则很多都来自视觉心理理论。

3.1.1 视觉心理

视觉心理是信息视觉表达的基础与依据，设计师需要了解视觉心理对于用户进行视觉浏览时的影响。视觉心理中的格式塔视觉原理对于界面视觉设计的影响是比较大的。格式塔（gestalt）心理学即完形心理学，是西方重要的心理学流派。格式塔视觉原理表明了单个视觉元素之间的关系、视觉元素与背景之间的关系等。这些原理为界面设计提供了很多基础性的规律。

（1）接近性

位置靠近的元素会被认为属于同一组。图3-2中所示的位置靠近的元素会被用户在视觉上认为属于同一组。这一原理应用在界面设计中就是将同类的信息元素贴近在一起，便于用户明确信息的归类，如图3-3。网页设计中的菜单栏和导航菜单中菜单的归类也是应用了这一原则。

△ 图3-4 拥有同样轮廓形状的图标

（3）闭合性

这是指把一个局部元素认知为一个整体的闭合的图形的趋势。图3-5中，如果单独观察左侧的图形，很难确定它的涵义，而把它放在右侧图形中，就可以很容易地认出它是"art"中的"t"。人们的视觉会把只显示了一半的art完整地辨认出来。图3-6是闭合性在设计中的应用，图形已经非常简单，但用户仍能够分辨出头像的涵义。

△ 图3-2 接近性原则

△ 图3-5 闭合性

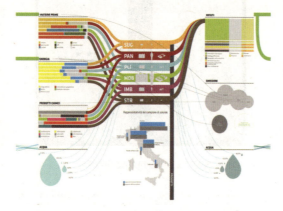

△ 图3-3 同类信息贴近在一起的设计案例

（2）相似性

拥有相同视觉特征的元素会被认为是一组，这些视觉特征包括形状、色彩同样的部分等。在图标设计中，相似性原则应用得最多。图3-4中一些图标有着同样的轮廓形状，会被认为属于同一类。

△ 图3-6 帽子广告设计

（4）区域联想

人们的视觉会把一个区域内的元素联想为一个合理的相近的图形。图3-7中所示的元素组合在一起，每个区域都单独形成一个文字图形。

图 3-7　区域联想

（5）连续性

视觉心理会让人们倾向于把元素组成连续轮廓的或者重复的图形。页面中对齐的文本、组成网格的页面内容都是连续性的例子。图3-8中的页面元素组成了整齐的网格，在视觉上，用户会非常适应这种连续的重复元素，从而产生舒适的视觉体验。

图 3-8　连续性

格式塔心理学提供的视觉原则不止以上几项，像图底关系、对称性原则等也很常用，这些基本原则影响着设计师对视觉元素的呈现。

3.1.2　选择恰当的视觉形式

视觉形式的类型包括文字、表格、图形、动画、图像等，不同视觉元素的信息传达效果也不同。

- 文字可以把信息传达得非常准确，但比较烦琐，同时也受到不同语言类别的限制；
- 图形信息表达方式简洁，但图形设计失误容易造成误解，或者让用户不知所云；
- 动画适合表达有时间逻辑的信息；
- 图像信息含量丰富，但可能会产生干扰信息。

选择合适的视觉元素对于信息视觉化是非常重要的。表达复杂的信息往往要使用文字的方式，例如这样一条信息：

如果交互设计这门课程人数选满，请同学们选择信息设计这门课。

使用图形或者其他的方式是很难准确地表达这一信息的。当然，文字信息也会有产生歧义的情况，如图3-9所示，如果没有图形辅助，有人会理解为"be care to slide"而不是"caution wet floor"。而图3-10所示的安装图则非常适合用动画的方式表达。

图 3-9　文字歧义

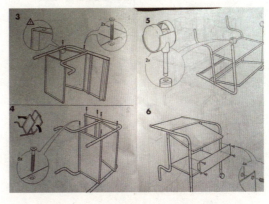

图 3-10　适合动画表达的安装信息

在一般情况下，很多信息会综合多种视觉元素来表达，在保证传达效率的基础上，避免信息传达的错误发生，同时也会给用户更多的选择。图3-11中所示的地图路线查询信息页面，左边列出了路线的文字信息，右侧则使用图形标示路线，两种信息视觉元素相互参照，可以更加清晰地传达信息。

能更加详细，但当页面呈现在用户眼前时，用户的视觉系统会接收到页面上的每一个视觉元素，因此过多的视觉信息会使用户感到迷惑和烦躁。如图3-13中的遥控器，过多的按钮会让用户感到迷惑，试想一下，如果在看球赛的关键时刻不小心调了台，用户能够迅速地找回原来的频道吗？

图3-11 地图路线查询信息同时提供图形与文字两种方式

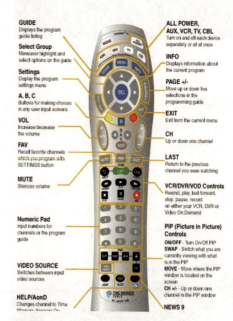

图3-13 过多的信息容易造成迷惑

3.1.3 规划视觉信息结构

在一个页面上会存在多个视觉元素，用户的眼睛会有一个自然的观看顺序。设计师当然希望重要的内容先被看到，同时有关的视觉信息也需要在观察路线上有所关联。通过眼动仪可以发现用户在页面上进行视觉浏览的顺序，如图3-12，如何设计这一视觉浏览路线也是信息视觉化的重要工作。

控制页面中的视觉信息数量可以让用户更明确和更容易地捕捉到核心的信息。减少视觉信息数量的办法除了删掉不必要的信息之外，将信息转移到下一级页面也是常用的方法。使用链接可以将大量的信息放置在下一级的页面中，使用弹出窗口可以将操作信息或者少量的介绍信息转移出来。图3-14为使用了弹出窗口的网页。

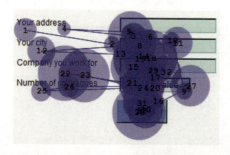

图3-12 眼动仪获取的用户视觉浏览路线

（1）视觉信息的数量

在页面中显示大量的信息，可以让页面功

图3-14 使用了弹出窗口的网页

（2）视觉信息的次序

确定好页面上显示信息的数量后，下一步工作是如何通过设计让重要的信息先被看到。换句话说，如何让重要的信息更加醒目。图3-15中显示了两组相同的数据，在上面这组中找出大于1的数字是比较困难的，可能会需要几秒的时间；而在下面这组数据中找同样的大于1的数字就迅速多了。

0.564	0.644	0.372	1.843	0.157
0.671	0.563	0.464	0.579	0.562
0.165	0.978	1.963	0.066	0.263
1.863	0.461	0.571	0.968	0.360

🔺 图3-15　醒目的数字

从这个例子可以看出，如果想让某些信息迅速地跳出来，就应该让它和其他信息有所区别。图3-16中显示了几种不同的区别信息的方法。

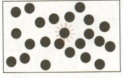

🔺 图3-16　使用不同的清晰度、增加阴影、增加标示的方法突出信息

如果只是在若干信息中突出一个或者一种信息，单独的一种突出方式可以起到明显的作用，但界面中需要突出的信息往往不只是一种，这就需要对信息进行不同的处理。如图3-17所示，如果使用同样的方式突出信息，那这些信息会被认为属于同一级别，没有突出的效果。在这种情况下，需要对需要突出的几种信息使用不同的方式进行突出。图3-18中，具有阴影和具有边框的信息都很容易被找到，而同时具有两种突出方式的信息会更加醒目。

🔺 图3-17　信息不突出

🔺 图3-18　使用两种方式突出不同信息

但对于不同信息种类的突出方式也不能太多，否则又会陷入混乱和无序的状态。如果只有两种突出方式，将会是非常清晰的。图3-19使用蓝色和添加背景的方式突出了"ziba"，"my ziba"以及"revive"等文字信息，最突出的还是字体较大、有蓝色背景的"revive"。于是大多数用户的视觉顺序应该是：

"revive"—"ziba"—"my ziba"—字体大的文字—粗体文字—浅灰色小字

🔺 图3-19　ziba网站页面

（3）视觉信息的分组

在界面中，单个文字、图片或者图标被视为基本元素，同时这些元素会组成一定的群组，形成更高一层次的群组。组成群组的方式一般会遵循格式塔视觉原则，接近的元素被视为一组，连续或者对齐的元素被视为一组，相似的

元素被视为一组。图3-20为CNN网站的标题（banner），网站的导航文字组成导航条，这些文字字体与色彩相同，位置连续，背景色相似，会自然地被视为同一组元素。在导航条的左侧，home、video与news pulse三个导航键又具有相同的背景图案，而这个背景图案与其他导航键是不同的，因此这三个元素又构成了子级别的导航组，而另外的十三个导航键为另一组。通过视觉设计，信息的结构会被明显地呈现出来。

图3-20　CNN网站标题

除了使用相似性、接近性以及连续性的方式对元素进行分组之外，使用边界对元素进行分组也是常用的设计方法。边界的方式有很多，背景色、框线都可以起到确认边界的效果。图3-21中所示的三个内容组非常明确，边框和背景阴影的使用起到了分组的作用。

图3-21　信息分组

栅格化设计是实现页面信息分组的有力工具。栅格化设计是指将页面分割成为若干等份的列或者行，将视觉信息对齐排布在栅格中的设计方法，如图3-22。

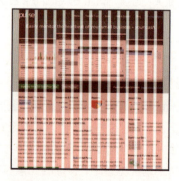

图3-22　页面的栅格化设计

案例分析一

不论信息的分组还是信息的突出，目的都是一个，那就是规划用户在页面上的视觉流程，从而达到最佳的视觉信息传达效果。

在图3-23所示的网页中，信息流程的规划简洁而且合理。从视觉信息分组的角度来看，整个页面被分成三个组，上面的导航区域、中间的标题区域以及下面的主推内容。

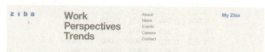

图3-23　信息流程清晰的网页

在导航区域中，较高层级的导航"Work""Perspectives""Trends"排列在一起，使用同样的较粗、较大的字体，与另一组较低层次的导航区分开为两组。较低层次的导航字体较细、较小，颜色也要更浅一些。主推内容的分组更加明确，使用接近原则，较近的图片与文字形成一个信息组，共三个信息组，三组图文又呈一个整体，如图3-24。

图3-24　网页信息的分组

从视觉元素突出的角度来看这个页面，最突出的无疑是"revive"这个单词，它具有以下几种醒目的属性：

- 位置居中；
- 字体最大；
- 蓝色底色。

这个主题是这个页面的重点信息，也就是介绍ziba公司有关模拟电子时代的元素复兴的设计。同时下面的重点信息里也有关于此设计的介绍，而且这段介绍也具有两种醒目的属性：

- 位置居中；
- 图片中有人像。

这两个醒目的信息相互联系，把整个页面中最重要的信息明确地突出出来，如图3-25。

会很快，因为他看到很多相似的信息结构、相似的视觉元素；而对于一个缺乏相关经验的用户（例如老人）而言，学会使用QQ这种聊天工具也是很费力的。但抛开使用计算机的经验不谈，大多数的用户都有丰富的生活经验，也就是使用各种工具或者玩具的经验，如果能够在界面设计中把这些积累的生活经验和界面视觉元素对应或者连接起来，就会大大缩短用户的学习过程。

3.2.1 对应

对应是最直接的视觉元素设计模式，对应常用的方式就是模拟。界面上的一个按钮元素如果看起来像一个真正的按钮，大多数用户都会去点击它。随着计算机显示技术的发展以及越来越多的直接操控设备的出现，使用模拟的方式设计一个界面变得越来越容易，也越来越流行。图3-26中的iPad应用数字罗盘看起来和一个真正的指南针没有区别，用户只要有使用指南针的经验就可以轻松地理解这一视觉元素。

▲ 图3-25 网页信息的突出

3.2 视觉信息的涵义

上一节关注的是如何把信息以恰当的顺序、合理的样式呈现给用户，但是，用户能否准确地理解视觉信息的涵义呢？对于设计师而言，如何让用户准确地理解视觉信息的涵义也是设计的重要内容。

在很多情况下，用户需要一个学习过程来理解界面元素，但对于用户而言，这个学习过程越短越好，最好是不需要。学习过程的长短依赖用户的经验，对于一个有着丰富计算机使用经验的用户而言，学习一个新软件的速度

▲ 图3-26 数字罗盘

除了视觉形象上的对应，操作方式上的对应更加重要。模拟实际的操作方式设计可以让用户自然地学会如何使用界面，如图3-27所示的电子书界面，模拟翻书的设计可以很快让用户理解如何操作，并且给读者熟悉的阅读体验。

图3-27 电子书界面

另外的一种直观的对应就是使用文字。在很多情况下，使用文字是最直接的与用户沟通的方式。尤其是让用户迅速做出决定时，文字传达的速度要比图形等其他视觉元素快，也更加准确。在一些警告类的信息指示中，文字的作用是不可替代的，如图3-28。在表达短信这一信息时，使用信封图形是一个常用的方式，但如果界面中还有邮件功能时，信封图形就会产生歧义，因此使用文字成为消除歧义的最佳办法。还有一种情况，当信息无法准确地用图形或者其他形式来表达，文字就成为第一选择，如图3-29。

图3-28 文字警示信息

图3-29 文字图标

在文字的选择问题上，要注意的一点是用词的明确，即用词要容易理解并且避免被人误解。尽量使用约定俗成的词语表达信息，例如"搜索"要比"查找"更加明确，"加载"比"置入"更加容易理解。文字的选择稍有不谨慎，就会让用户产生误解与迷惑。在图3-30的例子中，用户可以输入词语，了解更详细的内容，但"进入词条"和"搜索词条"两个按钮会让用户有一些迷惑，这两个按钮的功能分别是什么？哪个才是我想要的？经过尝试之后，用户应该可以清楚这两个按钮的差别，一个是直接进入与输入匹配的词条，另一个是列出包含输入内容的相关词条。将"搜索词条"改为"相关词条"可能更加符合用户的理解习惯。

图3-30 文字的使用

使用对应的方式设计信息可以让用户迅速地理解信息的涵义，但是这种方法也有不可避免的局限，用户熟悉的形象局限了设计的多样性。以图3-26的罗盘为例，模拟真实罗盘的设计使用户迅速理解信息，但设计无论如何变化，也无法脱离真实罗盘的痕迹。而如果突破了这种设计模式，又有可能给用户带来迷惑。图3-31是脱离真实感指南针样式的设计，用户需要花一点时间来理解。设计师需要把握创新的信息设计和用户理解之间的平衡。

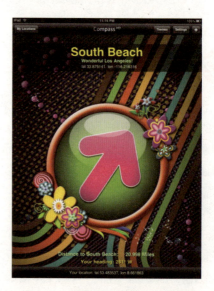

图3-31 脱离真实感的指南针样式

对应方式的另一个局限性是过于直白，尤其是使用文字。在商业设计中，设计师需要吸引用户来使用界面，过于直白的信息设计虽然清晰，但容易使用户感到平淡与厌倦，丧失使用界面的兴趣。

3.2.2 象征

象征的手法在设计行业里应用广泛。相对于模拟的设计方式，象征更加抽象。当视觉信息需要传达一个抽象或者复杂的概念时，象征就派上用场了。象征往往带有强烈的文化因素，是人类文化发展过程中，产生的约定俗成的意义映射。例如鸽子象征和平、骷髅象征死亡等。在设计中，设计师往往习惯性地使用一些象征的手法来表达信息，例如图3-32中使用箭头表示前进，使用房子的形象表达回到主界面等。

图3-32　火狐浏览器图标

使用象征手法设计视觉信息就如同使用一个巨大的数据库，设计所表达的信息的涵义必须在用户的数据库中存储。如果使用了用户数据库中没有的象征涵义，用户就无法理解信息。为了避免这种情况的发生，很多使用了象征的图标设计会附有文字解释，以便用户理解，如图3-33。

图3-33　火狐魔镜图标

图3-33中的图形大多数使用了象征的设计方式，放大镜象征搜索，音符象征音乐；也有的图形使用了对应的方式，电视图形对应电视功能等；同时又使用文字对图形进行了解释，这样能够保证用户准确地理解信息，但有些烦琐。如果舍弃文字说明又担心用户误解，可以使用提示的方式进行解释，当光标经过时，弹出解释文字，如图3-34，图标的形态为普通"对号"，涵义不明，当光标经过这个图标时，会弹出解释文字。

图3-34　图标解释

3.3 视觉信息的整合

当用户读取了视觉信息，理解了每个视觉元素的涵义，他会将这些零散的内容按照一定的模式整合，明确整个界面设计的功能以及意义。这种视觉信息的整合是整个信息设计过程的最后一个步骤。设计师要做的是帮助用户准确快速地整合界面的视觉信息。这个过程就如同用户见到了锤子、钉子以及六块木板，用户理解后会做成一个盒子。在视觉信息整合的过程中，信息的组织架构（主要是导航与层级）非常重要，它可以帮助用户掌握整个界面的内容以及相互之间的联系；设计信息隐喻也是非常重要的手段，它可以帮助用户迅速地理解整个界面产品的功能与内涵。

3.3.1 信息结构模式

试想一下用户读报纸或者杂志的过程。一份报纸通常分为若干版面，用户的阅读习惯并不相同，大致分为两种，一种是按照顺序从头读到尾；另一种是根据自己的喜好跳跃阅读。转换到界面设计的模式，第一种可以看作沿时间轴进行界面浏览；第二种则是依赖导航或者搜索功能进行自定义的阅读，这是两种不同的信息结构。信息结构是组织信息的模式，单独的信息通过不同的结构发生联系，从而组成能够完成某一功能的界面。

信息结构对应着上一章中的需求分析，需求分析决定了功能界面的基本结构。信息结构有多种不同的结构模式，如线性模式、层级模式、网状模式、地图模式等。

（1）线性模式

线性模式即沿着时间轴进行的模式。信息的组织按照先后顺序进行。线性结构往往不会独立存在，大多数情况下是网状或者层级结构的组成部分。微博包含着典型的线性结构，一个话题提出后，回复的内容会按照时间先后组织起来，如果回复内容较多，想找到某个特定的信息是很困难的。

微博的线性结构信息会通过转发等方式与其他的信息关联，最终形成网状结构模式。

（2）层级模式

层级模式是交互界面中最常见的信息组织方式。在需求分析的讲解中曾提到过的金字塔结构就是层级模式的形象比喻。在这个结构中，不同层级的信息通过导航进行组织，用户可以在整个结构中进行跳转，获取想要的信息。

大多数的商业网站都采用层级模式，打开网站自带的网站地图页面就可以看到清晰的网站层级。图3-35所示为苹果公司网站地图（部分），可以清晰地看到整个网站的层级结构。

还有一种信息的组织方式也属于层级模式，那就是依靠标签索引对信息的分类，这类信息可以依靠搜索获得，类似于图书馆组织图书的方式。图3-36所示为豆瓣音乐的标签分类界面，提供了风格、艺术家等不同的标签来组织音乐。

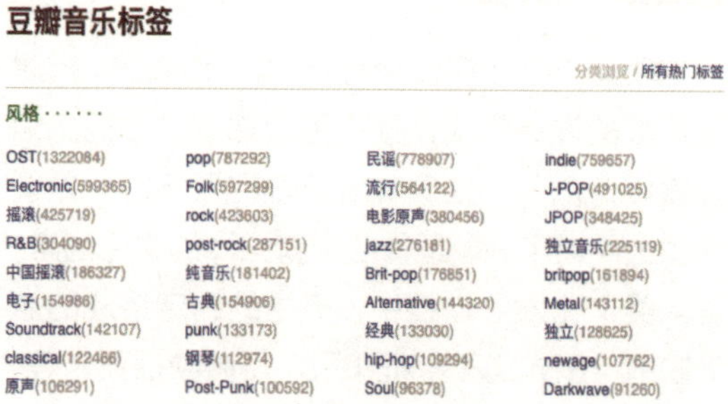

▲ 图3-36　豆瓣音乐的标签分类

（3）网状模式

网状模式不同于层级模式，层级模式中的信息不与其他分类中的信息发生直接关联，而网状模式中信息之间相互关联，层级比较模糊，类似于一个扁平的结构。层级模式往往是一种封闭的信息结构，而网状模式则更加开放，每一个信息都有可能拓展出新的网状结构。图3-37所示为人物关系之间的网状结构，其中的每一个单独人物也能够拓展出新的人物关系结构。社交网站的组织模型具有网状的特征，信息在好友之间传递时会沿着一个个网状结构迅速传播，类似于爆炸时的状态。

▲ 图3-35　苹果公司网站地图（图片来自 http://www.apple.com./sitemap/）

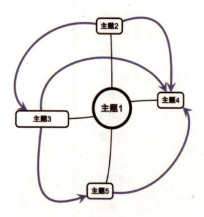

▲ 图3-37　网状模式（图片来自 http://tag.soso.com）

(4) 地图模式

地图模式是信息与地理位置之间的结合。在当下，移动设备功能越来越强大，GPS定位应用也越来越广泛，移动位置服务产生了大量的交互界面。这些界面中主要的信息组织都依赖于用户的位置，用户也会通过定位的方式让信息与真实世界相关联。这种地图模式也成为重要的信息组织模式。最著名的地图模式界面应当是Google Earth，如图3-38。

图3-38　Google Earth界面

Google Earth界面基于卫星地图，提供道路、位置图片、气象、景观等多种信息。这些信息的组织完全依赖地图，依靠位置相互区别与联系。

有些网站或App也利用地图模式将信息重新分组，可以使用户通过地理位置来搜索信息，最典型的为各类基于位置的应用软件，例如滴滴出行的叫车界面，如图3-39。

图3-39　滴滴出行叫车界面

在某些与地图信息密切相关的网站中，例如购房类网站，使用地图模式组织信息也是常用的手段，如图3-40。

图3-40　使用地图组织信息

(5) 导航与搜索

在各种信息结构中游走离不开两种工具：导航与搜索。信息结构当然是越简单越好，但如果有大量的信息需要组织，信息结构肯定会比较复杂，这时导航与搜索就可以保证用户在界面使用过程中不会迷路。

① 全局导航。用户能够通过全局导航到达整个交互系统的每个核心页面。全局导航往往会位于交互界面的顶端或者左侧，如图3-41。

图3-41　网页顶端的导航

有一些大型的购物或者查询类网站甚至需要多组全局导航，一般放在页面的顶端以及左侧，如图3-42。

图3-42　网页顶端与左侧都有导航

全局导航设计要出现在交互系统的每个页面中，而且要保持一致性，以保证用户不会迷路。全局导航的第一个项目往往是"首页"，这可以保证用户在不知道去哪里的情况下可以回到最初的这一页面。

② 分级导航。对于复杂的交互系统而言，全局导航担负着总揽整个交互系统的任务，而深入交互系统内部的页面需要更细致的导航进行指引，这时需要在全局导航的基础上设置分级导航，如图3-43。

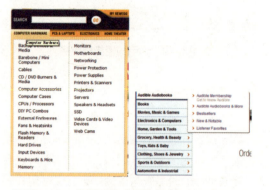

◎ 图3-43　分级导航（图片来自http://www.newegg.com/ 与http://www.amazon.com/）

③ 路径导航。路径导航又叫面包屑导航，名字来源于大家熟知的童话故事：兄妹俩想用撒在森林路上的面包屑作为导航，沿着进入时的路径回家，可惜面包屑被森林中的动物吃掉，结果兄妹俩还是迷失在森林中。界面上的面包屑导航不会被动物吃掉，用户可以沿着这类导航一步一步地回到出发点。这类导航指出了当前页面在整个交互结构中的位置与层级关系，并且可以跳转到相关的上层级别中。最典型的路径导航当属Windows操作系统中的文件夹结构，用户可以跳转到各层级的文件夹中，如图3-44。

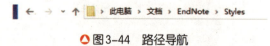

◎ 图3-44　路径导航

上面提到的例子是按照页面层级进行路径导航，另外一种路径导航是按照浏览页面的先后顺序进行排列，即使用"前进"与"后退"按钮。在操作系统和任何浏览器中都能找到前进与后退按钮，它可以让用户按照时间顺序退回刚刚到过的界面位置。这种按照浏览次序进行的导航只是在采用单窗口深入的界面中才能应用，有的界面采用每次深入层级都打开新页面的方式就不存在前进与后退。与层级路径导航类似，顺序路径也可以通过调出浏览历史的方式实现不同次序页面的跳转。图3-45所示为Chrome浏览器的后退按钮，以及调出的后退路径。

◎ 图3-45　后退按钮与后退路径

④ 标签导航。按照标签组织的信息可以使用标签进行导航，标签导航可以让用户不经过层级而直接找到自己感兴趣的内容。标签导航还可以给用户提供推荐性的指示，让用户有更多的选择。标签导航的例子如图3-36所示。

⑤ 搜索。搜索功能是非常重要的导航辅助，就像用户在森林里迷路，突然捡到一个GPS导航仪，只要输入自己想去的地方，就可以立刻到达。当然界面的搜索功能一般只在内容或者层级非常复杂的系统中才有用武之地。用户不希望每次搜索的结果都是"对不起，没有符合要求的结果"。

大多数搜索的视觉元素由文本输入框以及搜索图标组成，还有一些增加了搜索分类以达到更加精确的目标，搜索框这一视觉元素已经成为一种预设用途（Affordances）。大多数情况下，搜索会被设计在临近导航元素的位置，以明确两者之间的相互辅助的作用，如图3-46。

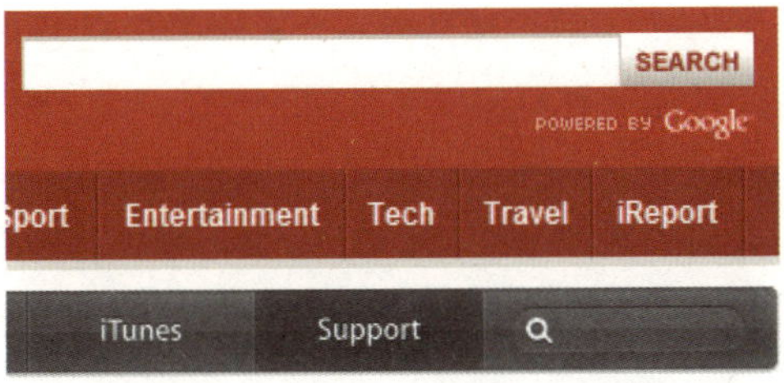

图3-46 CNN与苹果网站的搜索框

复杂的高级搜索往往需要一个页面来呈现，大多数情况下用户需要进行一些类别选择，最终指向搜索的目标。也有的搜索通过视觉化的界面呈现、模糊的控制搜索条件，直观地反映搜索的结果，就像图3-47所示的Google music的挑歌界面，用户不需要特别精确的搜索，只是凭借感觉来选取自己想听的歌曲，这种搜索可以称为情景式搜索。

图3-47 Google music的挑歌界面

案例分析二

一个复杂的交互界面系统，往往会使用多种导航方式来指引用户使用界面。图3-48是苹果iTunes软件的界面，可以看到其中的导航设计是非常复杂的。

图3-48 苹果iTunes界面中包含多种导航

这一界面中的主体导航部分分为三个层级，第一个层级是弹出菜单，包含着音乐、影片、电视节目、播客以及有声读物五个分类；第二个层级是右侧的三个内容类别，用文字按键的形式呈现，在播客这一类别下为资料库、未播放以及商店；第三个层级是资料库的两个分类，即播客与电台，布局在页面的左侧栏中（图3-49）。

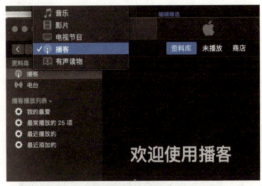

图3-49 iTunes中的三级导航

在界面中，为了防止用户迷路，iTunes也设置了搜索导航以及路径导航的方式（图3-50）。

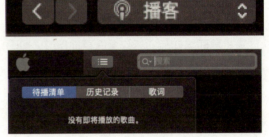

图3-50 iTunes中的搜索导航以及路径导航

3.3.2 信息整合的隐喻

通过合理的信息结构组织界面内容可以帮助用户更好地理解和使用整个系统，而使用隐喻的方式整合信息可以让用户迅速地认识界面。

在计算机领域，桌面这一概念是最著名的隐喻，它起源于一张画在餐巾纸上的草图。今天的用户已经熟悉地使用桌面来组织计算机里的内容，同时这种组织也延伸到了移动设备中。用户在桌面上寻找内容，排列文档，删除垃圾，非常自然地使用着这一界面。而这一隐喻是从人们的日常办公环境中而来。用户看到桌面图标垃圾桶，会联想到自己使用办公室里垃圾桶的行为，自然会把像删除的内容拖拽到垃圾桶内。这种通过隐喻信息的组织方式可以让用户几乎不经过学习就可以适应，如图3-51。

标签式导航是另外一个常用的信息隐喻。贴纸标签是整理文件夹常用的方式，这一隐喻也转化到了界面设计领域。使用标签式导航可以让界面用户迅速地建立起分类与导航的概念，几乎不用学习，如图3-53。

图3-53 标签式导航

图3-51 Windows操作系统桌面

随着显示技术的发展，桌面设计出现了3D视角以及直接触控的新技术，让用户更加熟悉，BumpTop公司推出的3D界面，让用户的计算机界面与实际的工作桌面更加相似，如图3-52。但这个隐喻也带来了一些新的问题，那就是用户真实桌面的缺陷也被带入这个隐喻的桌面中，杂乱、容易丢失东西、给工作带来烦躁感成为这一界面不可避免的败笔。

3.4 听觉与触觉信息设计

前面重点讲解了视觉信息的呈现、解释与理解，但交互界面中除了视觉信息之外，还存在其他类别的信息，例如听觉与触觉信息。

（1）听觉信息

声音一直是交互界面中非常重要的信息表达方式，尤其是警告与提醒。用户已经习惯了使用Windows系统时犯错的警告音。音乐的使用也是传达信息的手段，只不过不像视觉信息如此强烈，一首恰当的背景音乐可以让信息的隐喻更加丰富。

声音信息的解读要比视觉信息的解读更加容易些，主要依靠用户的直觉感受与生活经验。例如警告音，往往是对现实生活中警告的模拟。图3-54所示的画面来源于网站virtocean.com，这是一个把声音作为主要设计对象的网站，可以让用户依据自己的喜好选择海洋里的声音进行欣赏，可作为工作的背景音让用户感到放松。

声音信息与视觉信息的配合也是常用的信息传达的模式。在某些情境中，只有声音信息或者只有视觉信息都无法表达出准确的信息涵义，两者的配合是非常重要的。图3-55的画

图3-52 BumpTop桌面

△ 图3-54　以声音为设计对象的网站

现实产品时，最大的难题是难以获得现实产品中的反馈感，例如键盘的弹回。力反馈系统可以让用户在使用触屏界面时得到点击或者其他操作的反馈，这种力反馈产生的就是触觉信息。图3-56中，奥迪汽车的人机交互屏幕便采取了力反馈系统，用户在按键时会获得明显的反馈信号。而反馈这一行为会在下一章中进行讨论。

△ 图3-56　奥迪力反馈屏幕

面来源于网站http://www.chinese-soul.com/（目前该网站已下线，网站的效果可在视频网站vimeo上观看，网址见图下）。这是一个推广爵士音乐CD的网站。在这里，设计师把音乐和视觉图形结合在一起，增强了信息传达的力量。

（2）触觉信息

触觉信息是一些交互设计机构一直研究的方向，尤其是在游戏设计领域。目前触觉信息使用最广泛的是力反馈系统。触屏界面在模拟

本章小结

● 信息的视觉表达。如何让用户准确地获得信息，并让用户按照设定的先后次序接收到视觉信息。

● 视觉信息的涵义。如何让用户在获得信息之后准确地理解信息。

● 视觉信息的整合。如何让用户在理解信息的基础上明确整个交互系统的功能或者要传达的意义。

● 听觉信息和触觉信息的简单介绍。

△ 图3-55　音乐与图形信息的结合（图片来源为http://vimeo.com/32532522）

第4章　交互设计

交互设计是一个有着宽泛涵义的术语，本章中讲解的内容是狭义上的交互设计，即用户面对界面系统时对信息进行的各种操作以及系统对用户的反馈。如果说信息设计是为了让用户快速准确地理解界面系统，交互设计就是让用户顺利愉悦地使用系统。

回到现实世界，用户使用一个现实中的实物系统会遇到的问题在交互界面系统中同样存在：看到门把手时，不清楚是推门还是拉门才能打开门；看到一个圆形的按钮，却旋转不动它，最后发现它是向外拉的；过马路时，按下人行横道的灯按钮，却不知道它是否起作用。这些实物产品设计的问题同样考验着在交互界面设计领域的设计师。

4.1 交互方式的类型

交互设计是一个复杂的综合过程，用户在这一过程中不停地和交互界面进行各种交流与沟通，同时也产生着各种复杂的情绪变化。分析这一个过程不是简单的事情，设计师可以从以下几个角度去体会和理解交互方式的不同类型。

4.1.1 直接操控与间接操控

（1）直接操控

直接操控这一概念是在20世纪80年代出现的，指的是用户按照现实生活中操作真实物体的方式来选择和操作数字对象。最典型的直接控制是点击屏幕上的按钮播放一段音乐，就如同用户在现实生活中按下一个按钮让卡带开始转动一样，如图4-1。

△ 图4-1　数字世界里的播放按键

1）使用鼠标

鼠标的出现是一件划时代的事件，它是图形界面（GUI）系统中不可缺少的一部分。它让用户可以采用直接控制的方法在计算机屏幕上进行操作。在鼠标出现之前，用户只能通过键盘间接控制屏幕上的元素。鼠标和屏幕上的光标代替了用户的手去选择和操作屏幕上的各种元素。使用鼠标有一系列约定俗成的操作习惯，大多数习惯使用鼠标的用户可能已经忘记了第一次使用鼠标时的感觉，但其肯定是经过一段时间才习惯了对于鼠标的这些操作：移动鼠标对应着屏幕上的光标运动；鼠标经过某个按钮时，它会打个招呼；单击鼠标表示选中某个元素，就像用手抓起一件东西；双击鼠标代表着进一步的操作，可能是打开一个文件，也可能是表示确认某个操作；右击鼠标可以给用户带来更多的选择等。

因此设计师在设计一个基于鼠标操作的界

面时,应当考虑到如何将用户对界面的操控分配给鼠标动作。例如文本的选择,大多数浏览器或者文字处理软件都有对于选择文本的鼠标操作的定义,即单击鼠标选定文本位置,双击鼠标选中当前位置的单词,连续三次点击鼠标选中当前段落。下面是几种典型的鼠标交互设计方式。

● 鼠标悬停效果。鼠标悬停是一个常见的交互设计方式,目的是提示用户该元素可以选取或者点击,有时也会激活说明提示文字。图4-2所示的是界面上鼠标经过的效果,当鼠标经过按钮时,图片会放大显示。

图4-2 鼠标经过效果(1)(图片来自http://www.faw-mazda.com)

也可以使用更加复杂的设计让鼠标的经过变得有趣,如图4-3,左侧为原始状态,右侧为鼠标经过状态。

图4-3 鼠标经过效果(2)

● 光标特效。在使用鼠标的过程中,鼠标的移动对应着屏幕上光标的移动,而为光标赋予视觉特效可以给交互增加新的涵义与趣味。图4-4所示的网站(http://austinmayer.co/work/jordan)中,当用户移动鼠标时,光标所到之处便会产生粒子特效,视觉效果非常炫目。

● 鼠标手势。鼠标手势是一种特殊的鼠标行为,出现在Opera、Firefox、IE等浏览器中。用户可以使用鼠标在界面空白处滑动,不同的滑动轨迹代表着前进、后退、新建窗口等多种操作,可以提高用户使用浏览器的效率。

与鼠标类似的界面操控工具还有数位笔、轨迹球等,它们产生的交互效果与鼠标类似。

2)使用手指

随着触屏手机与平板电脑的流行,使用手指与界面进行交互越来越普遍。使用手指当然要比使用鼠标更加直接,一个没有鼠标使用经验的老人或者孩子可以很自然地使用手指操作界面。这种直观的操作指示是手指操作的优势。但如果用户已经熟悉了鼠标的应用,那么从操作准确性和速度来看,手指并不占上风。用户如果使用手指去操作一个基于鼠标操作的界面,那效率就会非常低。

手指操作也有着约定俗成的习惯,手指的点击动作继承了鼠标的操作:滑动手指可以进行拖拽;再多点触控的界面上用两个手指平移可以放大或者缩小界面等。

图4-5中所示为苹果电脑的触控板手指操

图4-4 网站中的光标特效
(图片来自http://austinmayer.co/work/jordan)

作说明,其中双指滑动、三指滑动、四指滑动等不同的手势代表着不同的功能。

▲ 图4-5　手指操作说明

3)使用TUI(实体界面)

TUI全称Tangible User Interface,是指基于实体环境的用户界面系统,这一概念最早由MIT媒体实验室提出。TUI可以让用户彻底摆脱GUI(图像界面)的学习过程,直接对实物进行操控,达到使用交互系统的目标。

中国的传统计算工具——算盘是一个典型的实物操控系统的例子。算盘输入数字的方式是拨动算珠,进行加减乘除运算的方式仍然是拨动算珠,用户在操控实物的过程中直接得到反馈与信息的输出。目前的TUI往往和GUI(图像界面)相结合,像苹果iPad的旋转屏幕的方式也是一种对实物的直接操控。TUI与GUI结合的例子还有微软推出的Surface系统,如图4-6。通过实物手机、杯子、银行卡等与带有图形界面的屏幕相结合,改变了交互系统的使用方式,更加直观、有效率。

▲ 图4-6　Surface系统与iPad等设备交互

(2)间接操控

间接操控是指不接触操控的对象而对其进行操控的方式。GUI(图像界面)时代之前的命令行(Command Line)以及文本界面(Text Based Interface)时代的计算机操作大多是间接操控。使用键盘是间接操控的主要方式,例如使用快捷键"Ctrl+C"复制,用"Ctrl+V"粘贴以及直接使用键盘上的"Delete"删除对象等。使用键盘进行操作的流程要比直接操控简单,因为这一流程省略了在空间中准确定位选取对象的过程。回忆一下没有鼠标时,用键盘上的"Tab"键、方向键以及一些快捷键组合操作Windows系统的经验,这些完全是间接操控的方式。

设计师喜欢使用快捷键操作,比如Photoshop、3ds Max这类的设计软件,这种操作方式比拿起鼠标在菜单栏里沿着层级寻找按钮要有效率得多。但如果想熟练掌握这种间接操控则需要较长时间的学习与记忆。

在游戏领域,间接操控的使用更加广泛。从最早的掌上游戏机到今天的大型网游,使用键盘进行间接操控都是常用的方式。最早的掌上游戏机都是通过按键控制着屏幕上的人物或者汽车左右移动、发射子弹等,这种操控模式需要较长的练习才能熟练掌握,在玩游戏的关键时刻经常会忘记每个按键的功能,如图4-7。

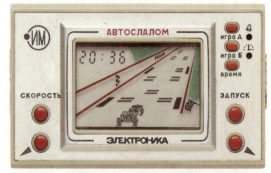

▲ 图4-7　古老的掌机设备
(图片来自http://www.pica-pic.com)

这种间接操控经常会用在一些模拟游戏场景的网站设计中,设计师把浏览网站的模式设计成为游戏模式，吸引用户在网页上浏览与探索，图4-8所示为大众Polo的体验网站http://follownoone.com.au，用户需要用方向键控制屏幕上的小汽车，在一个类似地图的界面进行各种信息的浏览。

○ 图4-8　用方向键控制汽车进行网页浏览

　　直接操控和间接操控往往结合进行，相互辅助。如果只是单一的操控方式，很可能会招来用户的抱怨。平板电脑iPad提供了虚拟键盘供用户输入信息，但这个内置的虚拟键盘并没有设置方向键，在编辑文本时，若想控制光标的准确位置，只能使用放大镜工具，因此效率较低。设计师在设计一个交互系统时要考虑到用户在直接操控和间接操控这两方面的需求。

4.1.2　状态转化与行为序列

　　上一节讨论了用户如何操控界面，类似于向界面发号施令，而交互系统对用户操控的回应也是设计师需要关注的问题。界面的回应方式有状态转化、转场设计、产生行为序列等。

（1）状态转化

　　最常见的状态转化是页面的跳转。大多数界面由多个页面构成，每个页面上承载着功能的实现和信息的传达。典型的页面跳转是网站中的网页浏览，这种交互的方式来源于阅读传统的报纸与杂志。

　　弹出式页面是另一种常见的状态转化类型。当页面中信息量较大需要新的空间承载，同时又不希望用户离开这个页面时，弹出式页面是

最佳选择，如图4-9。弹出式页面要具有关闭按钮，以便用户随时关闭，不推荐使用主动弹出的页面，以免让用户感到打扰。

○ 图4-9　弹出式页面

　　折叠式面板可以把不需要随时展示的内容收起，需要时再打开。一般使用上下箭头或左右箭头作为操控按钮。图4-10中的弹出页面也可以折叠，只需要点击上下箭头按钮。

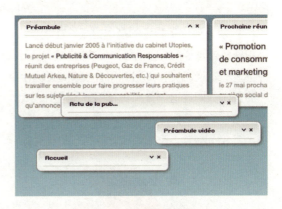

○ 图4-10　折叠式面板

　　收缩式面板与折叠式面板的作用类似，用户可以随时打开和收回面板。操控收缩式面板的元素一般设计成标签或者把手的形态，以便让用户理解，如图4-11、图4-12。

○ 图4-11　收缩式面板的收缩状态

二维空间的转化是最普遍的方式。页面会在平面二维空间内沿着上下左右四个方向延伸，使交互系统给用户一种整体的感受，如图4-13。

三维空间的转场更多的是给用户带来绚丽的视觉体验，有时也会提示页面在三维空间内的结构方式。图4-14所示界面通过拉近和推远的方式进行分页面的浏览。图4-15中的界面则通过真实的三维场景映射了内容页面所处的真实位置。

△ 图4-12 面板收缩与打开状态
（图片来自http://austinmayer.co/）

（2）转场设计

所谓转场设计，是指状态转化过程与方式的设计，通常是动画的形式。这是提供给用户不同交互体验的一种主要方式。转场设计可以给用户提供视觉上的舒适感受，而不会产生突兀的感觉。设计师也可以通过转场体现整个交互系统的风格。但需要明确的是，转场只是为了提高用户的使用体验，其本身不能成为焦点。

① 淡入淡出是转场的基本方式，在视觉设计和声音处理中经常被用到。这种方式给人一种平滑的转换感受，而且并不会过多地吸引用户的关注。如果这一效果做得过于明显，会让用户觉得多余和烦琐。

② 空间变换。空间转换转场的方式非常多，

△ 图4-14 三维空间的转场

△ 图4-13 平面空间的转场（图片来自www.kombudrinks.com）

图4-15 三维空间的转场

③ 隐喻式转场。最典型的隐喻式转场是翻页，用户通过翻页的方式打开新的页面，隐喻了现实中的阅读场景。隐喻式转场可以通过交互的过程表达设计师对这一界面设计的理念，也可以给用户的交互过程带来有趣的体验。图4-16所示的界面采用了燃烧式的转场，给用户以新的交互体验，也体现了设计的理念。

图4-16 隐喻式转场

（3）行为序列

行为序列是一个特别的概念，是指用户在对界面进行操控之后，页面的某个元素或者整个页面产生的一系列行为回应。例如点击按钮后某个面板消失，通过拉拽放大或者缩小窗口等。行为序列的目的是给用户的操控以明确的反馈，表明用户交互行为有了结果。典型的行为序列包括拖拽、关闭、位置与形态变化等。图4-17中，用户使用手指拖拽界面上的放大镜进行信息浏览。在拖拽过程中，界面上的元素跟随着光标的位置，按照用户的意愿移动。

图4-17 拖拽行为

在图4-18所示界面中，左右拖动鼠标，便可以旋转服装进行观察。

图4-18 拖动鼠标可以旋转观察

Windows 小工具中的 Cpu 仪表盘具有形态变化的行为交互，点击缩放按键，仪表盘会放大或者缩小，如图 4-19。

图 4-19　缩放行为

4.2 交互设计的原则

同很多设计领域一样，交互设计也有一些基本原则，掌握这些原则可以让设计师的工作少走弯路，设计出用户满意的交互方式。当然，原则的使用要结合实际的情景，不能作为教条生搬硬套。

4.2.1 Affordances（预设用途）

Affordances 一词翻译成中文为预设用途或者示能性。这是指物品被人们认为具有的性能以及实际上的性能。人们看到一个杯子，就知道它是一个容器，可以盛水，因为它具有一个开口的空间；人们看到一支铅笔，就知道可以握着它书写；人们看到一个旋钮，就知道可以扭动它。这些预设用途是用户从人类的生活经验和自身的生活经验学到的，有时也会由于环境的不同而产生偏差。图 4-20 是苹果公司设计的电容笔 Apple Pencil。这支笔的外形给用户强烈的提示：这就是一只绘图笔，用户不用犹豫就会拿起它在屏幕上进行书写。

在交互界面设计中，预设用途这一概念也非常重要。与直接模拟形象的设计方法不同，预设用途主要提供了一种使用界面的线索以及使用界面上某一元素的因果关系，而不只是形象上的相似。界面设计中最常见的预设用途为网页中的链接。蓝色的文字会告诉用户点击这

图 4-20　拿起 Apple Pencil

个链接会有新的页面出现，鼠标经过时链接也会显示出下划线进行提示，这样的预设用途大多数用户都会知晓，如图 4-21。如果设计师设计了一个蓝色文字而不是链接，会有很多用户在这里产生误解。

图 4-21　蓝色的链接

（图片来自 http://edition.cnn.com）

同样的预设用途还有很多，比如告诉用户点击就会关闭的"叉子"符号，提示用户输入内容的文本框等。

也有越来越多的新预设用途在界面交互领域出现，今天的用户看到一块屏幕在面前时，会不自主地伸出手指点击屏幕，因为触摸屏的预设用途已经深入人心。苹果公司的产品很多都带有多点触控的功能，用户可以用两个手指在触摸屏幕或者触摸板上做出放大或者缩小的

滑动操作。当这种操作被越来越多的用户使用而成为一种风潮后，它也成为了针对触屏的一种预设用途。用户见到触摸屏时，会增加一个动作，就是用两个手指头在屏幕上滑动。

4.2.2 控件

控件是预设用途最好的案例。在计算机出现之前的很多年，人类就开始使用一些有固定功能的设备完成特定的任务，这就是界面控件的原型，例如按键、旋钮、开关等，如图4-22。

◆ 图4-22 控件的原型

控件的作用是完成设定好的操控：按键用来激活或者关闭某个功能；旋钮用来调整在一定范围内的变化；拨动开关用来在两种状态中进行切换。

交互界面中的控件是不可缺少的部分，是用户与系统进行交互的重要工具。几乎每个界面上都会存在各种各样的控件。使用控件的优点如下。

● 容易理解的预设用途。用户不必过多学习就可以直接使用。

● 易于标准化。使用标准控件可以让用户快速地把使用一种界面的经验转移到同类界面中。

● 让界面更简洁。控件可以保持界面的一致性，从而从视觉上减轻用户的负担。

（1）使用控件注意事项

在使用控件时，首先要注意不要在一个页面上放置过多的控件，以免给用户带来困惑，下面是使用控件时要注意的另外几个因素。

● 控制控件的尺寸。控件应该至少有16像素宽、16像素长。如果是使用在触摸设备上，

尺寸应当更大，使用户能够方便地使用。控件的尺寸也不应过大，控件是辅助用户操作的元素，过大或者过于复杂的控件会影响整个界面的视觉层级。

● 将核心的控件突出。每个界面上都有核心功能的控件，调整这个控件的尺寸、位置等，让它处于最醒目的位置。图4-23为Picassa软件的界面控件，幻灯片播放与前后翻页是最重要的功能，所以这几个控件处于最醒目的位置。

◆ 图4-23 醒目的控件

● 将有关联的控件放在一起，无关联的控件分开，以免产生误解。图4-24中不同的按钮类型与控件图标具有不同的形式，并在距离上拉开，避免视觉上的误导，这种设计也遵循着格式塔视觉原理的接近性原则。

◆ 图4-24 控件分组

● 控件的摆放顺序。如果有多个控件出现在界面上，设计师要认真地考虑它们的摆放位置。如果控件来自现实生活，要考虑到控件原型的摆放习惯，使控件与原型产生映射关系。图4-25中两种播放器UI的控件摆放顺序都参考了现实中的播放设备。

◆ 图4-25 播放器UI

如果没有参考实际生活中的原型，一般控件的摆放应当按照操作顺序从左至右、从上至下摆放，如图4-26。像确定、提交一类的按钮会放到流程的最后，避免用户产生误操作。

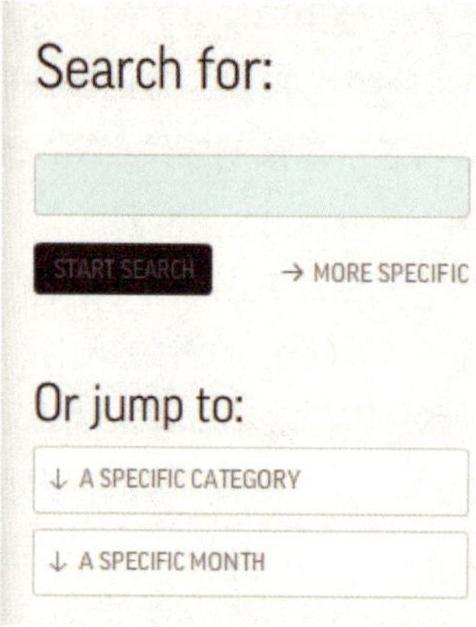

● 滑块（slider）。滑块可以提供在一定范围内的调整操作，一般用来调整音量、亮度或者范围，如图4-28。

◎ 图4-28　调整亮度的滑块

有的滑块的两端会有微调按键，这种控件也被称为滚动条（scroll bar）。图4-29中所示为地图界面上常用的滚动条。

◎ 图4-26　按照流程自上而下摆放的控件

（2）常用控件

控件最早是出现在软件工程领域的概念，控件库是软件设计必不可少的工具。推广至整个交互界面领域，可以把具有固定功能的界面元素都看作控件。

● 按钮（button）。按钮是交互界面中最常用的控件，一个界面上往往会存在几十个按钮。按钮可以完成控制页面状态的转换，也可以控制界面元素做各种动作。在标准化程度要求较高的界面中，例如软件界面和手机界面，按钮的样式较为固定。而在一些网页设计中，按钮的设计往往能够成为吸引眼球的亮点，如图4-27。

◎ 图4-29　地图界面中的滚动条

● 文本框（text input）。文本框可以提供输入文本的空间，这种控件往往会包含在搜索框或者各种表单中。

● 进度条（process bar）。进度条用来表示一个复杂进程进行的程度。图4-30是一个典型的进度条。进度条也可以做成丰富的图形动画，这在下一节中会详细讲解。

◎ 图4-30　典型的进度条

◎ 图4-27　网页上的按钮

其他常用的控件还有下拉菜单、单选框、复选框、搜索框等。

4.2.3 反馈

前文中提到的行人过马路时反复按坏的绿灯按钮是一个反馈不及时的典型案例。反馈是指用户进行操作后交互系统给予的某种提示。如果系统对用户的操控没有反馈或者反馈较慢，可能会招致用户的重复操控动作，整个交互过程就会出现问题，从而导致用户的任务以失败而告终。因此，恰当的反馈是设计师需要用心设计的部分。

（1）反馈的要点

● 及时性。反馈必须要及时，哪怕耽搁一秒钟也会带来用户的疑惑与不满。试想一下在饭店里招呼服务员的场景，没有服务员理会的感觉是很糟糕的。当顾客有需求时，服务员如果不能立刻服务客户，也要及时地反馈给顾客已经收到了他的请求。这种情景和界面设计里的反馈是一样的。当用户按下一个按钮时，界面上要立刻有所反应，如果这个反应过程时间较长，系统要提供一个进度指示表明系统正在做出反应，如图4-31。

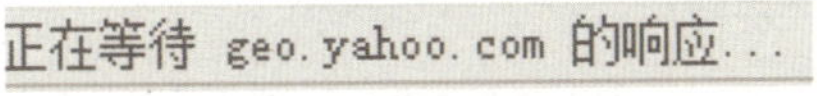

△ 图4-31　系统的反馈

● 明确性。系统的反馈也必须明确。当系统正在为用户的操控进行处理时，可以提供类似"载入中""请稍后"这样的提示；更明确的方式是提供进度条。但当系统中断或者异常终止时，系统必须明确地告诉用户系统已经终止操作或者退出，否则用户会在等待中失去耐心，做出更多错误的操作，如图4-32。

△ 图4-32　进程退出的反馈

（2）反馈的类型

反馈在整个交互过程中无处不在。没有反馈，用户就无法和交互系统继续交流，不同类型的反馈又都有着各自的特点。

● 悬停反馈。悬停反馈能够指示出光标目前的位置，并能告知光标经过的位置上是否有特别的元素等待进一步操作。在界面中，按钮必须设置悬停反馈，否则用户会感觉不到按钮从而失去操控的工具。图4-33是基本的按钮悬停效果。复杂的悬停效果可以给界面增加亮点，提升用户的交互体验。

△ 图4-33　鼠标悬停效果

● 单击反馈。单击反馈是指界面元素在被单击后产生的反应，表明此元素已经被单击，如图4-34。单击反馈在触屏系统中更加重要，因为触屏系统中没有悬停反馈效果。

△ 图4-34　单击加入购物车后的动画反馈

● 选中反馈。当元素被选中后，显示出与未选中状态的区别，提示用户已经选中可以进行下一步操控，如图4-35。

△ 图4-35　选中的图片加上边框并升高

- 进度反馈。进度反馈分为确定性反馈与非确定性反馈两种。确定性反馈可以告知用户进程大致的完成比例。非确定性反馈如上文中图4-31所示。确定性反馈也经常在网页设计的载入显示中使用，如图4-36所示，这个载入动画显示出网页载入的百分比。

图4-36　载入进度反馈

- 激活反馈。有些元素特别是控件不应占据页面的重要位置，给这些元素设置动态反馈可以区分它们的激活与非激活状态，在非激活状态下，元素应尽量消隐在页面中，需要它们时再将其突出。图4-37是苹果网站的搜索栏的非激活与激活状态。

图4-37　激活反馈

4.2.4　错误

错误是交互系统设计中尽量要避免的。在用户进行了错误操作时，系统需要提供错误信息，往往也会伴随着提示音，如图4-38所示。

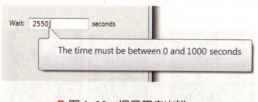

图4-38　提示用户出错

用户可以撤销操作也是需要考虑的，这样用户出错后还有弥补的机会。

用户出错后的错误报告页面也是设计师要考虑的问题，在页面中要提供尽可能准确的信息，并且也可以提供一些有趣的设计来缓解用户的焦躁情绪，如图4-39。

图4-39　错误报告页面

4.2.5　费茨定律

费茨定律是保罗·费茨在1954年提出的。该定律指的是，使用指示点击设备到达一个目标的时间同以下两个因素有关：

① 设备当前位置和目标位置的距离（D），距离越长，所用时间越长；

② 目标的大小（S），目标越大，所用时间越短。

该定律可用以下公式表示：

$$t=a+b\log2（D/S+1）$$

其中a、b是经验参数，它们依赖于具体的指示点击设备的物理特性，以及操作人员和环境等因素。

费茨定律对界面交互的影响很大，可以从下面几个角度来应用。

① 需要点击的对象要有恰当的大小，例如按钮。从费茨定律可以看出，按钮面积越大，用户越容易点中。因此按钮的面积不能过小，但界面的空间有限，不可能把按钮设计得很大。动态泡泡光标就是基于此难点而产生的概念。这种光标可以动态地变化自身的大小，以便更容易地捕捉对象。

② 屏幕的边角非常适合放置菜单栏或者重要的按钮。因为光标无法越过边界，边界之外的部分也应该算作对象的面积，这样捕捉的速度就会大大加快。苹果Mac系统的菜单栏

处于屏幕的顶端，非常容易点击到。使用同样设计的还有Google的Chrome浏览器，如图4-40。

◎ 图4-40　位于顶端的对象容易被捕捉到

图4-41所示的手机界面直接从下端滑出，根据费茨定律分析，用户可以很快速地打开这一界面。

◎ 图4-42　右键菜单命令的次序

Pie Menu就是解决这一问题的一种菜单设计模式。当用户点击鼠标右键时，右键菜单以分割好的圆形显示，类似于切好的馅饼。根据费茨定律分析，光标和每个命令之间的距离都是一样的，用户点击每个命令使用的时间也应该是一样的，不会产生次序问题，如图4-43。

◎ 图4-43　软件Sketch Book中的Pie Menu

本章小结

本章内容关注交互界面的交互设计，涉及以下几个方面。

● 交互设计的类型，讲解了用户对界面的操控，包括直接操控与间接操控；界面对用户的回应，包括状态转化与行为序列等内容。

● 交互设计的原则，讲解了交互中的预设用途、控件的使用、界面的反馈设计、用户出错的情况以及费茨定律在界面中的应用等内容。

◎ 图4-41　从屏幕下端滑出的界面

③ 距离光标点越近的按钮越容易被点击到。以目前的菜单设计为例，右击鼠标弹出的菜单要比到菜单栏中寻找菜单快得多。但目前的右键菜单模式也有一些问题，排成列的按钮与光标的距离有远有近，如何设定每个命令的位置是个难题，如图4-42。

第 5 章 视觉设计

任何界面都要给用户带来愉悦的视觉享受。界面的视觉体现要遵循信息设计以及交互设计的基本原则，即第3章与第4章的内容。在美学原则上，设计除了要符合一般视觉设计的法则外，也有很多交互界面设计独有的视觉法则。这些法则是本课主要讨论的内容。

5.1 基本视觉原则

这部分的视觉原则包括对齐、80/20法则、容易使用等，这些原则可以保证视觉信息传达的准确性与有效性。

5.1.1 对齐

文本内容的位置，可以让其边缘按照普通的行或列对齐，或者让其主体按照一个中心点排列。视觉元素应该将一个或者多个标准点对齐，这样能创造出一致性与相符性，增加设计的整体美感，使人觉得清晰、舒适。"对齐"是设计师创建界面空间感的强大工具。

在分段落的文本中，相对于中间对齐的文本格式，左对齐和右对齐的格式有更强烈的对齐暗示。比起其他对齐方式，左对齐和右对齐的文本格式能够创作出无形的列，呈现出一种清晰的视觉暗示。相反，中间对齐的文本格式，视觉上的对齐暗示就很模糊，各个要点之间的并列关系不够清楚。

"对齐"能够创造更整齐的版式，让信息传达得更加快捷。

案例一：自然引导用户的浏览（图5-1）。

图5-1中的页面将文字信息对齐、分组，对于浏览者来说能够跟随这种暗示完成对信息的检索，而不会迷路。

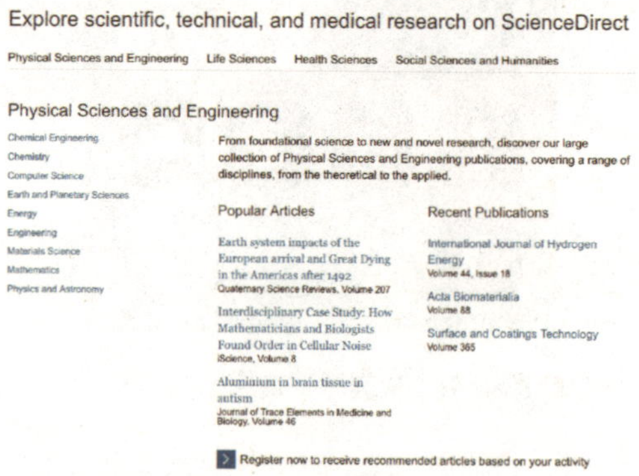

● 图5-1 页面中的文字信息对齐、分组

案例二：多内容页面排版（图5-2、图5-3）

Twitter首页相对于谷歌的页面来说信息更加复杂，但是用户会感受到信息有次序、有区块地呈现。

四个区域的信息都采用左对齐的格式，形成了信息分隔，同时页面信息都遵循从左到右的浏览顺序排列，让浏览者自然过渡到各个区块的阅读。

5.1.2 80/20法则

在一切大系统中，大约80%的效果是由20%的变量造成的。这些大系统包括经济、管理、用户界面、品质监控和工程。例如：

80%的产品，只使用20%的功能；
80%的收益，来自20%的产品；
80%的进步，来自20%的努力……

80/20法则对集中资源有很大的帮助。它可以提高设计的效率。比如，一个产品，设计师用的是它关键的20%的功能，那么设计师就应该把80%的时间、设计和测试资源都用在这些功能上面。设计中的元素是有主次之分的。设计师可以利用80/20法则来评估系统元素之间的价值，并做出更加优化的决策。

案例一：线框图对视觉设计的重要性

产品UI界面设计不是灵感突现，而是理性雕琢。在设计师开展华丽的视觉设计之前，界面的线框图对整个设计尤为重要。不论是网页设计还是客户端设计，线框图将界面中的各个元素进行了规范，对信息的主次程度进行了区分，对界面的主次区域进行了划分。

图5-5是一款播放器的线框设计图，应该说是高保真线框图。它将UI界面的功能区域、各个元素的大小及相对位置都进行了描述。在色彩和质感上采用灰度，不做任何情感雕琢。在线框图阶段，着重对交互设计进行评估和迭代。

图5-2 Twitter首页

图5-3 Twitter首页的对齐

案例三：注册表单（图5-4）

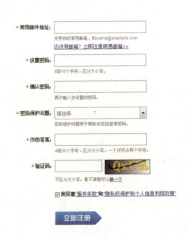

图5-4 表单的对齐

初学者经常将填写项名称（常用邮箱地址、设置密码……）右对齐，而在现实中，用户的光标一直在输入框中移动，所以正确的做法是将填写项名称右对齐、输入框左对齐。这样的做法就形成了一条视觉暗示的线，暗示用户从上到下完成表单填写。

图5-5 播放器线框设计图

图5-6是这款播放器的默认界面视觉设计。整体窗口采用深黑色，45°光源，中间视频待机界面为紫色，整体配色方案将媒体播放器的

科技感和娱乐感烘托了出来，赋予了线框图很强的生命力和品牌感。

▲图5-6　播放器视觉设计图

值得一提的是，很多设计师在做界面设计的时候，都是从头画到尾，没有全局观念，画到哪里算哪里，造成界面元素没有逻辑，也使得最终的UI设计方案沦为皮肤设计方案，失去了产品设计的价值。在这个案例中，线框图扮演了20%的决定因素，它的详细程度，决定了整个产品设计的成败。

案例二：突出常用和主要功能

谷歌Chrome浏览器和它的搜索引擎首页一样，都采用了80/20法则。

在功能设计上，Chrome针对浏览行为进行了分析，在UI界面的设计上，保留了浏览网页常用的前进、后退、刷新、主页、设置以及地址栏（兼备搜索功能），这让整个界面非常简洁易用。对于高级用户，可以选择设置，添加插件。谷歌搜索引擎首页，将搜索框放置在页面中间最重要的位置。框的右侧有高级搜索的设置入口。界面左上角有其他产品线的入口。总体来说，设计通过强调20%的元素达到强调搜索的目的，如图5-7。

▲图5-7　Google首页

5.1.3　容易使用

设计出的东西和环境应该无须改变就能使用，并且能给越多人使用越好。

"容易使用"法则——设计应该不需要特别的适应或改变，就可以给不同能力的人使用。这种设计有四个特点：感官性、操作性、简易性和回旋性。

① 所谓感官性，就是要每个人，不管他具有怎样的感官能力，都能理解这个设计。提高感官性的基本方法是：用重复编码的方式给出信息；使其他感官技术与之兼容，以便提供协助；控制板与信息的位置设置要让站立、坐着的人都容易使用。

② 所谓操作性，就是每个人，不论身体状况如何，都可以使用。提高操作性的基本方法：最大限度地减少重复操作，减少体力消耗；通过把正确操作设置得明白易懂、把错误操作设置为无效，使控制更加容易；使之与其他操作方式兼容以便协助；控制板与信息的位置设置要让站立、坐着的人都容易使用。

③ 所谓简易性，就是不论使用者的经验、读写能力、注意力怎样，使用都很容易。提高简易性的基本方法是：去掉复杂的操作；采用清晰、一致的代码、标示控制、操作模式；用"渐进展开"的方式提供相关的信息和控制；为所有操作步骤提供清晰的提示和反馈；确保文字简单易懂，适合不同文化程度的人。

④ 所谓回旋性，就是使错误及其导致的后果最小化。提高回旋性的基本方法是：把正确操作设置得明白易懂，把错误操作设置为无效，以防止错误发生；设置确认和警告来减少错误的发生；增加可撤销功能和安全网，以使错误造成的后果最小化。

案例一：多种输入途径

在产品的输入环节提供多种输入途径，能够让更广泛的人群来使用产品。搜索引擎百度的首页提供了语音输入的方式，旨在方便那些不想使用键盘输入的人们也能够使用搜索引擎，如图5-8。

▲ 图 5-8　多种输入途径

案例二：错误提示

这里再次提到了错误提示。基于 PHP 技术的错误提示，能够在用户输入完毕离开输入框的时候进行纠错提醒，让用户及时修改当前输入的信息，而不至于在整个表单输入完之后才发现错了很多，如图 5-9。

▲ 图 5-9　错误提示

在设计填写表单的时候，要注意给提示信息留下显示的空间。以下是另外一种设计的方案。错误提示信息显示在输入框的右侧，并以气泡的方式箭头指向。而输入提示信息则显示在输入框下方，在用户输入的时候就可以看到，用来预防出错，如图 5-10。

▲ 图 5-10　错误提示页面

5.1.4　美观实用效应

美观实用效应描述了这样一个现象：人们会认为美观的设计更实用。许多实验都证实了这个效应，这对于设计的接受、使用和表现具有重要的启示。

好用但不美观的设计，接受度往往不高，也就谈不上是否实用了。这些偏见及其带来的一系列后续反应是很难改变的。

美学在设计使用上起到了重要作用。美观的设计更能促进正面态度的形成，而且人们会更愿意容忍美观设计的缺陷。

设计师要永远追求美观的设计。设计师创造美的能力是交互系统开发团队中其他成员不具备的；设计师用创造美的方式去解决问题、促进人与设计建立正面关系，使用户更能容忍产品的某些缺陷。

案例一：品质对人们心理的影响

随着互联网技术的高速发展，信息文件大小传输不再影响效率。以前在进行网页设计的时候，必须对图片的品质进行压缩，有时候为了减少文件大小，不惜让视觉品质降低。而今，视觉品质已经成为用户体验的一部分，尤其是在视频、图片网站。百度旗下的高清视频网站爱奇艺，专注高品质的视频播放业务，为新时期的视频服务带来了良好的口碑。在网站设计上，顶部大图更能有效传达高品质优秀画质的服务特征，如图 5-11。

▲ 图 5-11　苹果公司网页

不仅仅在视觉上，听觉上的品质也能影响用户对服务的感受。在音频下载服务中，提供无损音质的文件已经成为视听网站必备的服务，如图 5-12。

▲ 图 5-12　声音品质选项

同样，用户对于视觉品质高的广告更加信任，更有点击欲望。对视觉丰富且设计精美的专题更加愿意停留，甚至传播，如图5-13。

◊ 图5-13　精美的页面

案例二：苹果和它的粉丝们

苹果公司每次新的硬件发布都会修复之前版本的不足，同时增强性能。而这些升级恰恰是之前版本的不足，但是粉丝早已被精良的产品设计以及产品运营所迷惑，他们为产品欢呼，容忍了所有的缺陷。

苹果的成功不仅仅在于它的实力，也有对美观实用效应法则的运用。所以当设计师在做设计方案，哪怕是设计草案的时候，都需要注意每一个细节，它们会带给受众对用户的评价。做好每一次设计，比做大量设计更重要，如图5-14。

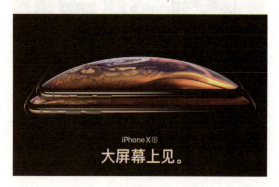

◊ 图5-14　苹果iPhone页面

5.1.5　功能可见性

这一原则是预设用途在视觉设计中的体现。物品或环境的某些功能比其他功能更具有可见性。比如圆的轮子比方的更容易滚动，因此滚动体现了圆形轮子的功能可见性。

普通常见的物件用在界面设计当中，可以暗示与现实一样的操作。例如凸起立体的按钮暗示人们可以点击，这与设计师印象中实际的按钮是一致的。电脑操作系统以及一些硬件系统中经常使用现实中常见的物件来完成对概念的传达，如图5-15。

◊ 图5-15　按钮

如图5-16所示，设置图标借用了机械内部的齿轮，来表明对产品内部的管理；文件夹借用了现实中的文件夹；垃圾桶更加写实。

◊ 图5-16　图标设计

设计软件的工具栏图标设计也使用了"功能可见性"原则。字体、橡皮擦、拖拽、吸管、放大、修补……大部分工具表意非常直接，即便是初学者，也能马上理解和使用，如图5-17。

◊ 图5-17　功能图标

在移动App的启动图标设计中，表意也非常重要。用户需要通过启动图标第一时间传达出应用服务，当然有些公司是用启动图标来传达品牌（其品牌已经代表了他们提供的服务）。图5-18的启动图标好像一个记事簿，传达出了应用在现实生活中扮演的角色，很容易让用户联想到纸质的记事本。图5-19一看就知道与报纸有关。这是一款报纸阅读客户端。

蕾。图5-21所示的饮料包装设计利用了罐体透出的果汁的色彩作为背景，手绘的水果作为插画，将用户的口水全盘诱出。

◐ 图5-21　手绘插画包装设计

◐ 图5-18　记事簿图标　　◐ 图5-19　报纸应用图标

5.1.6　条件反射

条件反射指把某一刺激和某种身体或者情感的反应联系起来的一种技巧。

条件反射是行为心理学家首先要学的内容。工作人员发现，他们一进实验室，实验室的狗就会流口水。因为实验室的工作人员经常喂狗，于是他们的出现就与食物联系起来。因此，工作人员会诱发与食物一样的反应。条件反射经常用于训练动物，但是也可以用来营销与广告。在产品的界面设计上使用条件反射原则，例如把产品或服务与吸引人的因素如味道联系起来。图5-20所示的饮料包装设计采用了与口味对应的果实，色彩与外形共同诱发人们的味

在专题网站设计中，利用素材来营造氛围也非常重要。例如中国年到来的时候，红色象征着年味，促销专题就都会往红色上靠拢。有时候还会增加红灯笼和烟花爆竹，如图5-22。

◐ 图5-22　专题网页设计

拟物化设计也是利用条件反射的原则，营造出现实中的真实场景，拉近了用户和应用程序的距离，延续用户在现实中的感受。图5-23是iBook的应用界面，主界面是书架，阅读模

◐ 图5-20　诱人的包装设计

◐ 图5-23　iBook界面设计

式下翻页的效果都跟真实的书籍一样。在使用过程中，用户可以体会到与现实中读书相同的感受。

图5-24是GarageBand的iPad版本截屏，利用了吉他的真实效果来做界面的基础。方便人们与真实的设备进行对应。此时用户与iPad更加融合，因为用户更像是在使用一台更高级的吉他。

△ 图5-25　豆瓣网页设计

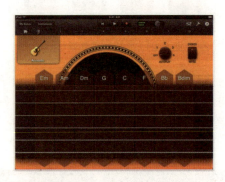

△ 图5-24　音乐软件界面设计

5.1.7　颜色

在设计上，颜色用来吸引注意、集合元素、表达涵义以及增加美感。

颜色能赋予设计更多的视觉乐趣和美感，并且可以加强设计元素的组织和意义。如果用得不好，颜色也会严重损害设计的外形和功能。下面是使用颜色的一些常用指导原则。

（1）颜色的数目

使用颜色的数目要尽可能少。一个设计作品，一眼扫过去，所能接受的颜色数目要尽可能少。因为大多数人的颜色视觉是有限的，不要把颜色当作信息表达的唯一途径。

图5-25为豆瓣的网页设计。绿色作为导航色，将整个页面的品牌色传达出来，但并不是需要将页面各个地方都设计成绿色。相反，在信息传达上，页面内容区更加注重对问题、分类等信息的传达，95%的链接色都是蓝色，很好地将可点击文字链接进行了呈现。在网页设计中，链接的颜色应该以1个色相为主；其他色相为辅，最多不超过3个。

（2）颜色的组合

为使颜色的组合达到美观，可以利用色环进行设计。色环上每一个色块附近的颜色被称为相似色，相似色可以作为主色调的补充；色环上相对的颜色称为辅助色，可以作为主色调的点缀；如果想用三种或者四种颜色进行配色，可以在色环上画一个等边三角形或者正方形，然后选择位于三个角或者四个角上的色块。作为设计师，身边一定要时刻有一个如图5-26这样的色盘，甚至比这个更加丰富的色谱，方便从中选取适当的颜色。

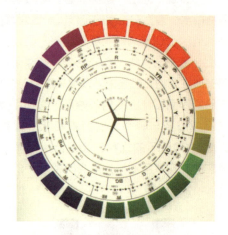

△ 图5-26　色盘

图5-27所示的网站，利用暗红色的高雅，配上辅助色黄色、橙黄、紫色，将音乐录制比赛的盛典推向高潮。

（3）彩度

如果色彩的主要目的是吸引注意力，那么在设计中可以利用饱和色（纯色）；如果效果和效率是主要目的,则利用去饱和度的色彩。

△ 图5-27　网页配色

(图片来自http://www.karaoke-club.ru/)

通常,运用去饱和度、明亮的色彩,会使人感觉友善而专业。

去饱和度、暗沉的色彩,会使人感觉严肃而又专业。

饱和色会使人感觉有趣味、有活力。

需要注意的是,饱和色在视觉上会互相冲突,增加眼睛的疲劳感。

图5-28采用了饱和色橙色和黄色,着重强调趣味感、有活力。为了缓解视觉疲劳,在整个页面的设计上,背景色采用了做旧的色彩与质感。

△ 图5-28　彩度的选择

色彩在应用上还有很多学问,要想将色彩应用自如,必须多观察多练习。互联网上也提供了很多选择以及配色练习的网站,例如Adobe推出的配色网站https://color.adobe.com等。图5-29是该网站的截图,该网站提供了单色、同类色、对比色、三色及四色等不同的配色工具,还设置有配色预览功能。

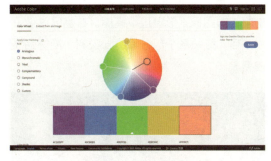

△ 图5-29　配色网站

5.1.8　像素

"像素"(Pixel)是由Picture(图像)和Element(元素)这两个单词的字母所组成的,是用来计算数码影像的一种单位,如同摄影的相片一样,数码影像也具有连续性的浓淡阶调。设计师若把影像放大数倍,会发现这些连续色调其实是由许多色彩相近的小方点所组成的,这些小方点就是构成影像的最小单位——"像素"(Pixel)。这种最小的图形单元在屏幕上显示为单个的具有颜色的点。越高位的像素,其拥有的色板也就越丰富,越能表达颜色的真实感。像素化设计广泛应用在网页设计和界面设计,用来衡量设计的品质。图5-30是iOS系统界面细腻的像素表现。

△ 图5-30　iOS系统界面细腻的像素表现

图标设计是应用像素设计最多的地方。清晰锐利的图标边缘可以让图标在UI界面中更加清晰地展现给用户。图5-31中图标尺寸越小，对于信息的呈现就越要精细。图中的左侧是未修正的图标，形象边缘模糊。右侧经过像素修正后，形象各个部分都清晰锐利，视觉品质较高。

▲ 图5-31　图标设计

以像素为单位的视觉设计，还体现在内容的横纵向间距、比例尺寸、对齐关系等上，做界面设计就好像做建筑物，分毫不能差，否则页面就会出现不平衡的感觉。

5.2 视觉关系原则

本书中所涉及的视觉设计原则着重关注视觉元素之间的关系，研究视觉元素呈现中的内在逻辑，以帮助用户更好地理解信息。

5.2.1 图形-背景关系

"图形-背景关系"是格式塔感知原理中的一项。这项法则认为，人类的感知系统会把刺激分为"图形元素"和"背景元素"。图形元素就是焦点物，背景元素就是其余没有明确特征的背景。

设计中要把图形和背景区分清楚，以便让焦点集中，尽量避免认知混乱；可以使用前文列出的视觉暗示，来确保设计中稳定的图形-背景关系；把作品中的重要元素作为图形，以此增加人们回想起的可能性。

什么是图形，什么是背景呢？
- 图形有明确的形状，而背景没有。
- 背景在图形后面延续。
- 图形似乎离设计师较近，在空间中有明确的位置；背景似乎离设计师较远，在空间中没有明确的位置。
- 在地平线以下的被视为图形，在地平线以上的被视为背景。
- 靠下面区域的一般被看作图形；靠近上面区域的一般被视为背景。

图5-32中所展示的一辆车，给车增加一个深远的背景，增加了车与环境的互动，同时让车更加拥有生命感。在这个广告中，车被强调，而背景给予了车的生命。

▲ 图5-32　汽车广告中的图底关系

图5-33产品的吉祥物成了宣传的主角。接近补色的搭配让角色更加突出，同时背景热闹的人群将信赖感深入表达出来。

▲ 图5-33　网站banner中的图底关系（一）

图5-34中的Banner展现了丰富的图标设计服务。图形蔓延到背景中去，背景烘托出了图形的科技感与神秘感。

图5-35 iOS设备iPhone首屏的UI设计很好地处理了应用程序和背景的关系，突出

△ 图5-34 网站Banner中的图底关系（二）

了应用程序，而且满足了用户的个性化。在UI界面设计中，图形-背景的关系非常重要，要避免UI界面没有主次。

△ 图5-35 iOS界面中的图底关系

5.2.2 一致性

相似的部分用相似的方法来表现，系统会更好用。

对于用户体验来说，在一个系统中，相似的部分使用相似的方法是对用户使用习惯的尊重和再利用，能够让用户更好地学习，减少用户学习的成本。"一致性"可以让人高效地把知识转到新背景，更快地学习新事物，并且关注到工作的相关方面。一致性分为四种：美观、功能、内部和外部。设计师更应重视其中的美观的一致性。

美观的一致性指的是风格、外观的统一。如公司的标识使用一致的字体、颜色和图案。美观一致性会加强辨识度，强化统一性，增强品牌影响力，建立情感上的期待。图5-36以奔驰汽车为例，该公司一直把奔驰的标识醒目地放置在车头。这个标识变得与品质与身份地位有关，长此以往传达给人们崇拜与欣赏的心理暗示。

△ 图5-36 奔驰汽车的标准前脸

图5-37显示的苹果系列产品，在产品外观的设计中，圆角矩形和圆控制面板的应用组合，衍生出不同产品，不同产品类别在外观上的继承也是对用户使用习惯的继承。

△ 图5-37 不同的苹果产品

图5-38苹果广告字体Myriad Pro在所有的广告页面场合出现，其优雅的细节、亲和力的圆角、粗体与细体的排版结合成为苹果广告画面的一个重要基因。同时，苹果的这几类产品的宣传banner在留白和构图技巧上也有高度的一致性，这也让广告的品位保持了绝对的一致。

△ 图5-38 苹果首页广告

很多大公司的网站由于子产品非常丰富，因而需要统一这些产品线。每家公司的策略大体是一致的。在网页产品设计中，大部分做法是一级框架的高度一致（页面头部，甚至导航的位置）。图5-39是百度公司子产品页面顶部的设计，除了少数产品的链接的蓝色稍有不同外，其他基本一致，这样人们在百度产品的页面跳转中会时刻知道自己所处的位置。有兴趣的话可以尝试研究内容门户网站在一致性设计中的策略，例如新浪、搜狐、腾讯在门户一致性上是如何做到的。

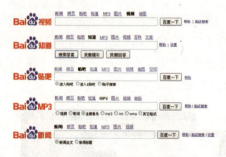

图5-39　百度栏目的一致性

5.2.3　强调

强调指把注意力带到一个文字或图像区域的技巧。通常设计师需要使用这个手段把用户的注意力带到设计师希望用户看到的信息上。但是如果使用不当，“强调”就会失去作用，给相应的区域带来负面影响。

强调是相对而言的，如果整个区域的许多元素都需要强调，那就不适用于强调原则了。

强调的做法是与大部分保持差异，即整个设计的少数地方做了差异化设计，使得要强调的元素与其他或者背景都不一样。图5-40中标题需要突出强调，所以使用了大字号同时加粗的字体样式。这种样式相对于大面积的段落文字样式就是一种高度的强调。

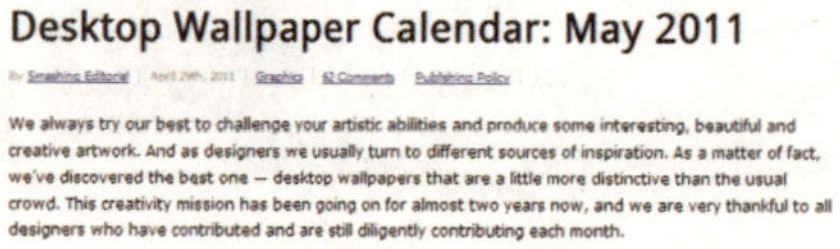

Desktop Wallpaper Calendar: May 2011

We always try our best to challenge your artistic abilities and produce some interesting, beautiful and creative artwork. And as designers we usually turn to different sources of inspiration. As a matter of fact, we've discovered the best one — desktop wallpapers that are a little more distinctive than the usual crowd. This creativity mission has been going on for almost two years now, and we are very thankful to all designers who have contributed and are still diligently contributing each month.

图5-40　文字强调

图5-41为了强调一个名人的观点，将该区域做了框和底纹。对于阅读而言，用户会将这段话作为整体而加深印象。

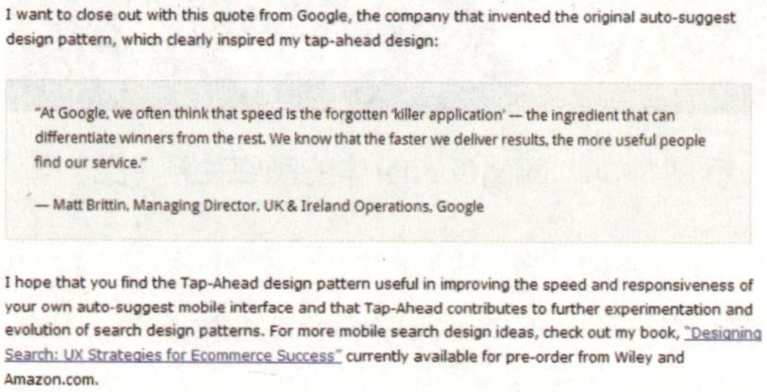

I want to close out with this quote from Google, the company that invented the original auto-suggest design pattern, which clearly inspired my tap-ahead design:

"At Google, we often think that speed is the forgotten 'killer application' — the ingredient that can differentiate winners from the rest. We know that the faster we deliver results, the more useful people find our service."

— Matt Brittin, Managing Director, UK & Ireland Operations, Google

I hope that you find the Tap-Ahead design pattern useful in improving the speed and responsiveness of your own auto-suggest mobile interface and that Tap-Ahead contributes to further experimentation and evolution of search design patterns. For more mobile search design ideas, check out my book, "Designing Search: UX Strategies for Ecommerce Success" currently available for pre-order from Wiley and Amazon.com.

图5-41　段落强调

颜色是强调的常用手段。但切忌不要滥用，否则用户的作品就会五颜六色，用户根本不知道看哪个地方。图5-42中的导航列表，顶部标题采用了图标强调，同时标题的字号很大且加粗了。在子项列表中，三个条目通过色彩的不同被强调。试想，如果这个子项列表用了五种或者六种颜色会如何呢？

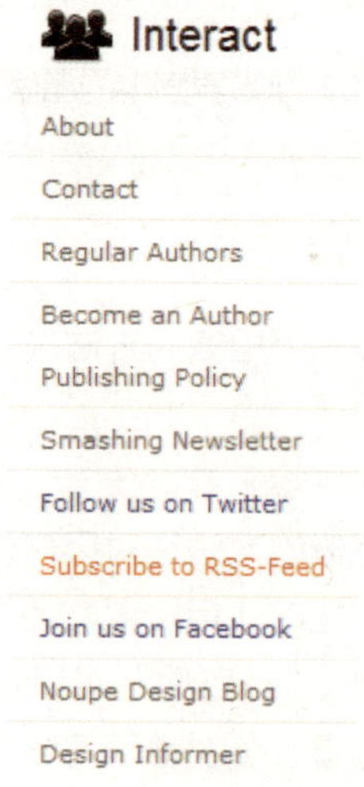

图5-42　使用颜色强调

有时候动态的元素是被强调的。人们对动态的东西会产生更加强烈的关注度。如果在一个页面中，放置动态的广告banner，那么人们会下意识地关注。让元素在两种状态中来回闪烁，是吸引注意力强有力的方法。使用这种方法的技巧是，闪烁限制在重要的信息。图5-43掌上百度的gif动态广告，通过切换热门新闻词与广告语，希望用户能在两者之间产生联系，强调产品特点，同时也希望关注新闻的用户能够使用掌上百度。

△ 图5-43　动态强调

5.2.4　图像符号

图像符号是利用图像来诠释展现要表达的行为、物体和概念，使之更容易被发现、辨认、学习和记忆。在日常生活中到处都可以看到图像符号的设计，如公司的标识、商场指示牌、操作系统工具条……图像符号有助于降低设计效能负载，节省显示区域与控制区域，让标识与控制在各文化中能容易被理解。总的来说，图像符号包括四种：相似、举例、象征和强制。

（1）相似符号

相似符号利用视觉上相似的图像，指出行为、物体或者概念。这种图像表示的方法最为有效。如果遇到复杂程度增加，这种做法就不合适了。而且这种做法也无法表达抽象的概念，例如减速。图5-44中的棒球、轮滑、滑板、垃圾桶都使用了相似的行为来代表需要表达的内容。奥运会体育项目的图标更多采用的是相似符号。相似符号更具有广泛的认知和传播性，在创意方面，注重符号线条的创新，而非动作上的重构。

△ 图5-44　相似符号

（2）举例符号

举例符号常与行为、物体或者概念相关的实物图像为例。这种手法可以表现复杂的行为、物体或者概念。

例如图5-45中，设计师可以使用一个飞机图形来表达机场这种复杂的建筑群，设计师也可以用刀叉表示餐饮场所，用一个行李箱表示行李寄存地，用一个灭火器表示消防器材所在地。

△ 图5-45　举例符号

图5-46中的照相机图标表示拍照功能，而非照相机。照相机图形与拍照有着直接的关系，所以用它来表示拍照功能非常恰当。

△ 图5-46　作为举例符号的相机图标

（3）象征符号

象征符号是用图像代表抽象的行为、物体或者概念。如果行为、物体或概念与常见的、容易辨认的物体有关，采用象征符号最为有效。象征符号与举例符号的区别在于，前者不会在操作中用到，后者是在实际中出现并被用到的。图5-47中右侧的漏斗图标，表示的操作功能是筛选、过滤。通过这个功能可以对结果进行筛选呈现。这种抽象的功能，正好跟现实生活中的漏斗有相似的作用。

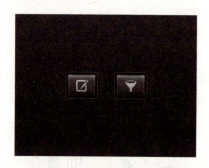

△ 图5-47　象征符号——漏斗

图5-48在UI界面中，齿轮可以表示"设置"。设置本身无法用形表示，所以可以找一个象征物来代为表示，而不是说在设置操作中真有齿轮。

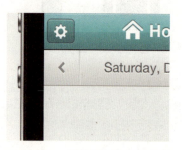

△ 图5-48　象征符号——齿轮

（4）强制符号

强制符号就是用与行为、物体或概念无关的图像来表达，必须通过学习才能了解。一般来说，强制符号只能用在跨文化交流或长期使用的行业标准上。图5-49展现了医疗、回收、

△ 图5-49　几种强制符号

停车场、停机场的图标。它们在各个国家都是通用的。例如几乎所有的人都知道红色十字符号代表医院。

图像符号在UI界面设计当中尤为重要，它可以让界面留出更多的空间给信息，让界面容纳更多的操作。图5-50是一个Twitter客户端，界面中使用了大量的图标，针对单个联系人的回复、转发、收藏、设置、查看，针对全局的信息、关注、私信、收藏、搜索。这些功能和内容都能容纳在一个界面而不拥挤，且传达准确，都是图标的作用。

△ 图5-50　界面上的符号

5.2.5　干扰效应

干扰效应是指大脑同时处理多个问题的时候，会出现思考放慢且不准确或者错误的现象。当两种或者两种以上的感官或认知过程发生冲突的时候，就会产生干扰效应。

设计过程中要预防干扰，避免让思维冲突。举一个例子，中国市场的财经图，绿色代表股指跌，红色代表股指涨。而在美国则恰恰相反，红色代表股指跌，绿色代表股指涨。谷歌迎合了地域文化，让人们避免造成错误解读。图5-51是谷歌财经中国区和国际区的界面截图，同是上涨的股票，采用了不同的颜色。如果用户是中国用户，访问com版的财经，经常会因为色彩而弄不清楚涨跌情况。

△ 图5-51　Google使用的不同色彩

如果文案内容与本身表意相差太远,也会让人的认识犯错,甚至怀疑所看到的。图5-52"红色"使用的蓝色,而"绿色"使用的是橙色,用户看到这样的信息会感觉很不舒服。在页面设计中,如果需要信息提示,一定要注意色彩和样式的选择,警示类提示要醒目而且要有足够的警示,一般采用红色,而提示类的信息不用那样警示,宜选用浅橙色、浅绿色或者浅灰色等。

红色　　绿色

△ 图5-52　色彩干扰

5.2.6　沉浸

沉浸就是一种极度的专注,甚至丧失对周围真实世界的感受,这种情况通常由喜悦或满足感引起。沉浸的情况发生在很多场合,比如

工作中、游戏中、作画中、看书中、电影院看电影中等。在某些产品的设计当中,适当地营造沉浸效果有利于用户体验。图5-53展示的苹果MAC台式机,这款电脑的屏幕四周是黑色边框,有利于用户沉浸在多媒体信息当中,忽略设备的存在。右侧电脑中显示的游戏画面采用了全屏的模式,也是一种让玩家更好地沉浸在游戏中的做法。左侧电脑中的图像编辑软件,采用了黑色的UI界面风格,是为了更好地突出图像内容,让图片处理者更好地沉浸在工作当中。

△ 图5-53　配有黑框的苹果电脑

图5-54所示的展览展示设计中,聚光灯能够营造很好的沉浸氛围,突出产品,让人们专心欣赏产品。下次参加展览的时候,可以注意观察一下。

△ 图5-54　展台的沉浸感

图5-55中的舞台设计是沉浸原则的绝对应用。灯光大都聚焦在舞台上,看台上几乎黑

△ 图5-55　舞台的沉浸感

成一片，这时候全场的焦点都是舞台上的明星，人们沉浸其中，直到活动结束。

图5-56是视频播放页面。视频的横向区域做了深色背景，同时还提供全屏播放功能。这是对沉浸需求的不同满足。而今视频网站大都是这样的做法，这与用户享受视频服务的特殊性有很大的关系。

这是一种简单、可预测的导航。每一个屏幕只需要点击一下，人们就可以从上级目录进入内容深处。每一个屏幕显示一个标题，以便告诉人们用户在哪里，并提供一个返回按钮让用户很容易就返回上一步。这种界面层级的组织关系非常容易理解，方便用户明确其位置。

图5-58为应用游戏"愤怒的小鸟"。该游戏操作很简单，就是弹射小鸟。简单的操作即可完成多关的任务，这让它的受众群从幼儿横跨到老年。重复原则降低了产品的使用和传播门槛。

▲ 图5-56　视频网站的视频播放页面

▲ 图5-58　愤怒的小鸟界面

5.2.7　重复

"重复"是指重复一个操作直至达到特定结果为止的过程。

如果没有重复的过程，就不会有条理分明的复杂结构。在设计上，渐进的重复探索、测试、调整设计，才能创造出复杂的结构。对于用户来说，重复一个操作来完成复杂的任务，能够让他们感到简单可控。系统并不是越复杂越高级，越体贴人的认知才叫高级体验。图5-57展示的是为了适用于移动环境，大多数的邮箱应用程序在界面设计上所遵循的要点——重复。

重复有时候也是一种精雕细琢的工作态度。设计师在进行设计项目的时候，需要对设计方案反复修改，直到满足客户或者用户。重复是一种让产品越来越好的手段。新设计师通常不喜欢重复设计一个案例，而达·芬奇画鸡蛋的故事告诉每个设计师，如果没有重复的手段，设计师无法深入了解事物，也无法真正创造出想要的东西。

5.2.8　容易识别

在多媒体、网络出版发展迅速的今天，设计师对于信息的识别要求日益提高，要尽量避免混浊的视觉表达，要将信息传达清晰可辨。

在印刷上，9～12号字体一般是最理想的。如果文字再小，则无法清晰辨识。对于老年人的产品设计，需要采用更大的字体，这是针对特殊人群的特殊设计。图5-59是百度老年搜索

▲ 图5-57　邮箱界面设计

的首页，这个产品不仅仅在字号上做了放大调整，同时提供了手写输入，也提供了常用网站的链接。所有的举动都是为了方便老年人使用互联网。容易识别、容易操作是用户体验一直遵循的目标。

▲ 图5-59　百度老年搜索

在文字色彩上，浅色的背景要使用深色的字，深色的背景上要使用浅色的字，这样效果最好。只要遵循这个原则，一般不会影响到信息的辨识度。如图5-60，图中白色的字在深色背景上清晰可见，而在浅色背景上比较难辨识清楚。

▲ 图5-60　文字的色彩

互联网上投放的广告设计尤其需要注意信息的识别。由于受到尺寸、文件大小等因素的影响，设计师需要将要表达的信息分出主次，将主要信息着重表达和突出。图5-61所显示的

▲ 图5-61　互联网广告

四个广告在广告文字信息的表达上都很好地做到了容易识别。文字有对齐关系的信息更容易识别，这在四个广告中也有体现。对齐可以让人们找到浏览的主线，是增强识别的重要途径。

5.2.9　映射

映射反映了两者之间的联系和关系。如果能够很好地建立两者的关系，则将有利于用户的操作和使用。好的映射主要是设计、行为、意义中的相似性功能。例如，炉台上的控制系统与炉子的设计相对应，这是设计相似性；方向盘控制车的左转右转属于行为相似性；紧急按钮或者开关用红色，这是意义相似性。因为相似的控制与效果和人的预期一致，所以很容易使用。图5-62所示的整体灶台，上面一共有三个可以做饭的地方。在控制面板上，用户可以很清晰地看到三个控制器，用户也一定知道它们三个分别对应哪个炉灶。这就是映射，通过位置的设计，用户可以知道谁与谁建立了控制关系。

▲ 图5-62　整体灶台的映射

图5-63 Convertbot应用程序是一个单位兑换应用程序。圆盘映射了切换的方式，通过拨动圆盘，用户可以切换兑换类型以及单位等。

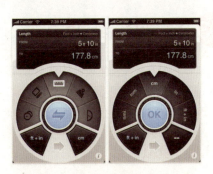

▲ 图5-63　圆盘的映射

图5-64是一个体重观察应用程序。界面下方的横向标尺界面效果，映射了水平滑动切换的操作方式。用户不需要学习就知道如何对应用程序进行使用。映射让产品与用户走得更近。

△ 图5-64　标尺的映射

IT产品中，硬件设备的按钮对屏幕中操作系统的控制就使用了映射原理。图5-65所示的诺基亚E5手机，屏幕下方的左右软键对应屏幕中的功能表和名片夹。用户可以通过这两个按键直达功能表和名片夹。

△ 图5-65　按键的映射

5.3 视觉设计综合原则

本节的内容关注视觉设计的综合应用原则，目的是让复杂的视觉界面有章法可循，在用户理解界面信息的基础之上让界面更加吸引用户。

5.3.1 模拟

设计中的模拟指模仿熟悉的物体、生物或者环境的特性，发挥这些特性所具有的优势，所以模拟是一种设计的方法，可以通过模拟来达到某种目的。

设计中的模拟有三种形式：表面模拟、行为模拟和功能模拟。

视觉设计谈到的模拟，更多的是说表面模拟。这与现在流行的拟物化设计比较类似，就是让设计看起来像别的东西，通过设计利用熟悉的外表暗示其功能或者用法。图5-66所示的是iPhone里的计算器和记事本App的主界面，二者在视觉上模拟了现实生活中的计算器和记事本的质感，让用户没有距离感，而且很快就能知道这个应用的用法，以及对用户的意义。

△ 图5-66　界面的模拟

图5-67是webQQ的主界面。在设计上模拟了系统级的桌面效果，继承了用户在操作系统上的操作，这也在一定程度上让用户更容易接受该产品，没有学习门槛就可以享用webQQ上的应用程序。

△ 图5-67　对操作系统的映射

图5-68提到的是系统图标设计,为了让功能可见,它们也都采用了模拟。扫描热点,表明能够通过该功能发现网络接入;时间借用了钟表的外观;电量借用了电池的外观。

▲ 图5-68 使用模拟设计的图标

模拟可能是界面设计中最古老且最有效的方法了。许多网页专题页面的设计都大量地使用模拟,让专题耳目一新,以达到吸引用户的目的。图5-69就是很有情境的专题设计,模拟了战争的防御墙,让游戏氛围更浓厚。

▲ 图5-69 使用模拟设计的页面(一)

图5-70是一封圣诞节问候信,模拟了信封和信的效果,让这个界面更加温馨,同时很好地将游戏运营的信息收录其中。

▲ 图5-70 使用模拟设计的页面(二)

5.3.2 奥卡姆剃刀

奥卡姆剃刀定律由14世纪逻辑学家奥卡姆提出。这个原理为"如无必要,勿增实体",即"简单有效原理"。他在《箴言书注》2卷15题说,"切勿浪费较多东西去做用较少的东西同样可以做好的事情"。如果要从功能相同的设计中做出选择,那么选择最简单的设计。奥卡姆剃刀原理认为,简单的设计比复杂的设计好,不必要的元素会降低设计的效率,并会增加无法预期的后果。不管在物理上、视觉上还是认知上,带来的负担都会降低设计的使用效果。多余的设计元素会导致设计失败等其他问题。图5-71显示的首页设计直入主题,用人物名字字母作为主要元素,去除一切多余的视觉设计,迅速捕获了用户的注意力。

▲ 图5-71 简洁有力的首页设计

图5-72是苹果的iPod shuffle。小巧的外形是对音乐播放设备精简设计的结果,同时结合圆形的控制面板,即便在如此小的体积上,也能对音乐播放操作自如。

▲ 图5-72 iPod shuffle

评价设计里的每一个元素，在不牺牲功能的情况下，应尽可能去除多于元素，最后在不影响功能的情况下，让剩下的元素简化。

5.3.3 图片优势

俗话说，一张照片胜过千言万语。图片比文字更具有吸引力和记忆力。

在经过了许多案例和可用性测试后，设计师发现用户对于图文混排的页面，更容易回忆起图片而不是文字，同时发现用户在浏览网页的时候，在图片上的停留时间明显高于文字。人们在时间有限的时候，对于图片信息的接收效果明显。所以恰当地使用图片优势来做广告宣传非常重要。图5-73的广告Banner的设计，直接将文字写在图片上，也就是将整个广告做成一个图片，这种做法非常有利于在纷繁的网页中形成视觉焦点。

图5-73 图片广告

在一些视频的门户网站中，焦点大图能够体现网站的特色，同时也能引起人们多与影视剧的关注。图5-74是爱奇艺的首页，焦点大图更像是影片的海报，将人们的观影兴趣激发出来。

图5-74 爱奇艺首页

不只是媒体网站喜欢用大图片，很多公司的首页就是使用产品的照片来做宣传，每当一个产品更新，那个产品就成为首页的焦点。这种设计方法把消费者的购买欲望激发到顶点。所以设计师纷纷在广告活动中加入有意义的图片，如图5-75。

图5-75 汽车公司首页的图片

当然需要注意的是，图片优势不能泛滥使用，如果一个网站的所有信息都用图片来表达，就会造成没有主次，没有突出，没有强调。信息传达是需要层次的，图片优势法则应该与强调法则搭配使用。

5.3.4 大草原偏爱

研究表明，人们倾向于偏爱大草原般的环境，这种环境的特点是：开阔的空间，散布的树木，绿绿的草坪。同样是开阔的空间，人们不喜欢沙漠、稠密的森林。世界各地的公园、度假村、高尔夫球场都跟草原相似，这绝不是偶然。

在景观设计，广告设计以及其他需要创造或描述自然环境的设计中，可以考虑使用大草原原则。图5-76为Windows操作系统的桌面。还记得这个经典的界面吧？全球Windows用户最熟知的桌面，即便是可以更换壁纸，你会发现身边还有很多人使用默认的大草原壁纸。

图5-77伊利电视广告。该广告干脆就以大草原为背景，天然健康的信息传达十足。设计师又将这种大草原的感觉延续到了平面广告中，如图5-78。

其实大草原原则不仅仅告诉设计师人们喜欢大草原，还说明了空间感强、透气的构图更能让人们喜欢。如果自己的设计与自然天然不能挂钩，但也希望人们喜欢，可以尝试做出有空间感且透气的画面。图5-79中，介绍手机的站点，整个画面的构图以一本敞开的书为中心，充满童话般的世界在灰色渐变的背景下极具空间感和透气性，这种轻松愉悦的氛围更容易获得消费者的喜爱。

▲ 图5-76　大草原壁纸

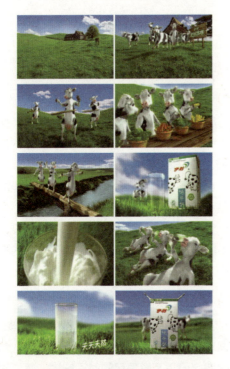

▲ 图5-77　伊利电视广告

▲ 图5-79　手机站点

本章小结

本课讨论了若干交互界面视觉设计的原则。原则并不意味着教条，如何使用这些原则，是否要遵守这些原则要到实际的设计中去考虑。这些视觉设计的原则包括三大类。

● 基本视觉原则，包括对齐、80/20法则、容易使用、美观实用效应、功能可见性、条件反射、颜色、像素。

● 视觉关系原则，包括图形-背景关系、一致性、强调、图像符号、干扰效应、沉浸、重复、容易识别、映射。

● 视觉设计综合原则，包括模拟、奥卡姆剃刀、图片优势、大草原偏爱。

▲ 图5-78　伊利平面广告

第6章 视觉设计案例

第5章视觉设计讲解了若干视觉原则,但如何应用这些原则需要结合设计案例来讲解。贯穿本章的是一个简单的虚拟设计项目——资讯类App应用。目前,移动互联网项目是交互界面设计领域的重要内容,这里选择了移动互联网应用的设计项目。其中也会穿插对传统互联网产品的设计工作的介绍。

6.1 视觉设计前期准备

6.1.1 思考:如何开始?打开Photoshop?

在实际项目中,视觉设计的工作不是简单地打开Photoshop等设计软件,需要首先了解项目相关的很多信息,它们有助于获得事半功倍的效果。试着了解如下的问题。

(1)这个项目的背景是什么?为什么要组这个项目?

需要知道,任何一个设计项目都有它的背景,项目的背景往往是凝聚人心的地方,诸如占领某个领域的多少市场份额,进军某个领域,或是保持绝对优势等,同时也包括了这个产品的基本定位——为谁设计?满足什么需求?搜集、了解这些知识,会更容易开展设计工作,并有效控制设计风格的方向,进而快而高质地推进设计工作。

(2)目前这个产品的业内概况怎样?

后人永远是站在前人的肩膀上前进。在开展工作前需要了解同类产品和竞争产品的相关知识。最好利用两三天的时间(如果时间允许,也可以两周甚至一个月),收集整理同类产品和竞争产品的视觉设计方案,分析它们的设计定位,同时也需要了解整个领域的设计趋势(虚拟案例中着重介绍了移动互联网的相关知识)。

(3)项目的预期目标和时间是什么?

了解项目预期目标和时间是专业工作的一种体现。需要知道产品经理乃至整个团队对产品的期望值,了解项目的时间安排。通过对工作量的分析,在开始视觉设计工作之前,给出一个时间计划表。这个时间计划与整个项目的开发计划息息相关。通常到视觉设计工作开始的阶段,项目已经产出了至少两个文档——产品需求文档和交互设计师文档。

6.1.2 互联网产品开发流程简介

产品开发流程根据公司的不同会大相径庭,不能把每家公司的开发流程都罗列出来,更不能把大公司的开发流程直接拿给小公司使用。公司的资源不同,开发流程会有很大的不同。针对每个公司的特点,选择适当的工作方式比较实际，照搬大公司的工作方式会适得其反。

这里介绍的项目开发流程，是一个理想状态下的基本流程，旨在说明视觉设计师在整个项目开发流程中的位置，以及应该注意的事项，让视觉设计师站在高处看自己。

一个完整的项目需要视觉设计师全程参与。

（1）概念设计阶段

概念设计阶段，视觉设计师有足够的时间了解项目背景，进行竞争产品分析、视觉设计尝试。安排好这个阶段的设计工作，有利于在后面的工作中占据主动的地位，如表6-1。

（2）《产品需求文档》细化-交互文档细化

交互文档细化阶段，产品操作逻辑更加清晰，同时典型界面相继确定，视觉设计师可以开始着手设计方案，并确定最终的视觉风格和设计规范，如表6-2。

（3）视觉设计细化

视觉设计细化工作有时候由一个人完成；有时候由几个设计师共同完成，这时候需要首先由少数设计师完成典型界面，然后确定设计规范后，由其他设计师复制设计风格，完成其

表6-1　概念设计任务分配表

角色	概念设计阶段	文档输出	
PM	根据市场分析，撰写《产品需求文档》初稿，与其他角色一起讨论，沟通确定初步项目需求	《产品需求文档》	《产品需求文档》初稿评审（技术初步评审）
交互设计师	了解PM需求，参与方案设计与制定，完成关键框架设计、界面线框图或关键界面流程图	逻辑框架及重点界面线框图	
视觉设计师	了解项目需求背景，确定视觉工作目标 特殊情况下，视觉设计直接参与概念效果图制作	视觉风格尝试	
开发人员	参与初步的技术评估，进行技术调研和储备	技术评估报告	
需要注意	设计师解读PM需求，了解项目背景，需要良好的沟通能力。很多项目需求是沟通出来的，PM的表述不能代表其全部的想法		

表6-2　交互文档细化任务分配表

角色	《产品需求文档》细化-交互文档细化	文档输出	
PM	PM与交互设计师确定交互流程，完善包括功能、操作层面的诸多需求细节	《产品需求文档》详细文档	《产品需求文档》评审 交互设计文档评审
交互设计师	完成交互细节设计	交互设计文档	
视觉设计师	针对确定的交互线框图及流程开展视觉设计工作	完成关键界面风格设计	
开发人员	技术调研和储备	技术评估文档	
需要注意	交互设计师与视觉设计师和技术密切沟通，确保交互对界面尽量高保真地体现和考虑；任何在该阶段的设计方向上的修改，需要所有角色到场，评估和敲定方案		

表6-3 视觉设计细化任务分配表

角色	视觉设计细化	文档输出	
PM	PM确定视觉设计师效果图		视觉文档评审
交互设计师	评审视觉设计师效果图		
视觉设计师	完成详细视觉效果图和界面整合尺寸标注	视觉文档（视觉效果图、标注）	
开发人员	准备进入开发阶段		
需要注意	视觉设计及时获得PM和交互的反馈，确定已完成 配合RD开展部分界面的标注和整合工作		

表6-4 开发和提测阶段任务分配表

角色	开发和提测阶段	文档输出	
PM	跟进项目需求完成情况，协调资源推进项目进度		提测版本发布
交互设计师	跟进RD提测版本，校对并确定符合设计的部分；协调设计符合项目开发的方案	交互设计测试反馈文档	
视觉设计师	跟进RD提测版本，校对并确定符合设计的部分；协调设计符合项目开发的方案	视觉设计测试反馈文档	
开发人员	开发阶段		
需要注意	技术变更带来的设计方案的修改，需要设计师能够快速反馈给予方案的支持		

他界面。最后输出的视觉文档要配合开发来用，所以尺寸标注非常重要，如表6-3。

（4）开发和提测阶段

产品进入开发后，视觉设计师主要跟进项目的整合工作，配合裁图以及跟进效果，通常会因为技术方案的变更或难度而进行设计调整。这时候要求设计具有良好的全局观，明确哪些设计会触动其他界面，避免拆西墙补东墙，如表6-4。

上面就是一个基本的产品开发流程，以及几个主要角色在各个阶段的主要任务。明确一个职业在产品开发流程中的位置，才能更好地发挥主观能动性，发挥自己的价值。

现实：很多公司的设计是外包的，导致外包设计师纯粹做视觉，按照印象和经验做设计方案，或者把世界知名的设计风格直接照搬，甩给企业三四个方案，全不在乎产品的开发背景。但是长久来看，一个催熟的或者是克隆的产品终究会在下个阶段被再设计，导致其找不到自己的方向。

所以，就算是外包设计，设计师也需要走到企业内部，了解公司产品研发的背景和远景规划，让设计从第一步起就能够给企业带来长远的价值。这也能够拉近其和企业的距离，让设计合作更加密切，产出更加优良！

（5）关于交互设计与视觉设计的分工

如果是一个新人，首先需要明确工作职责是什么。但从长远来看，作为一名优秀的用户体验设计师，必须对交互设计和视觉设计都了解，有时最好也了解点用户研究和数据分析。

所以下面的6.1.3中，有一些内容是三个职业都需要了解的。

6.1.3 了解项目背景、竞争分析和调研

前面提到，做一个项目前需要了解产品的开发背景，本章的虚拟案例是移动互联网应用。

移动互联网不像所看到的那样——一个手机一个网络这么简单。移动系统非常庞大，包括设备、网络、服务、移动互联网等，做移动应用的设计，就必须了解移动系统这个生态环境，把事关体验上的众多变数统统考虑到位，才能防止付出高额的代价。下面首先了解一下搭载该移动应用的硬件平台——苹果iOS。

iOS是由苹果公司为iPhone开发的操作系统。它主要是给iPhone、iPod touch以及iPad使用。就像其基于的Mac OS X操作系统一样，它也是以Darwin为基础的。原本这个系统名为iPhone OS，2010年6月7日在WWDC大会上宣布改名为iOS。iOS的系统架构分为四个层次：核心操作系统层（the Core OS layer）、核心服务层（the Core Services layer）、媒体层（the Media layer）、可轻触层（the Cocoa Touch layer）。图6-1为iOS界面层次示意图。

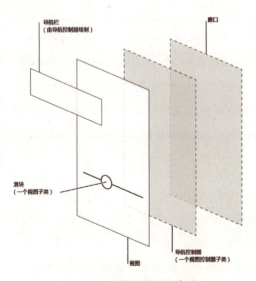

○ 图6-1 iOS界面层次示意图

为了很好地学习了解iOS平台，有必要拥有一台iPhone还有一台搭载MAC OS操作系统的电脑，方便使用其推荐的Interface Build开发软件，并在未来几个月的开发时间中一直使用。下面罗列几个主要的知识，方便快速进入状态，等真正接触相关开发的时候，务必详细阅读《iOS Human Interface Guidelines》，如图6-2。

○ 图6-2 iOS界面设计指南（图片来自https : //developer.apple.com/design/human-interface-guidelines/ios/overview/themes/）

（1）手机操作系统间的差异

手机操作系统通常带有一套核心服务或工具，允许应用程序互相通信并共享数据或服务。如果没有操作系统，那么设备只能运行孤立的应用程序。

主流操作系统一览表如表6-5。

iPhone的诞生，把触屏时代正式点燃，Andriod系统的加入，宣布移动触屏时代的全面到来。在设计iPhone以及Andriod上的应用时，需要特别注意iOS与Andriod平台的特性，避免设计不符合该平台的应用来挑战用户习惯。

为iPhone操作系统的设备设计软件需要一种思维方式，这种思维方式或许不是原本所习惯的。尤其是当大部分经验都来源于开发桌面应用程序时，应该意识到设计移动平台软件和设计电脑软件的显著性差异，可参考《iOS Human Interface Guidelines》。同样地，Andriod平台的设计也要参考其设计规范，如Material Design规范，如图6-3。

表6-5 主流操作系统一览表

名称	简介
iOS	iOS是由苹果公司为iPhone开发的操作系统。它主要是给iPhone、iPod touch以及iPad使用。就像其基于的Mac OS X操作系统一样，它也是以Darwin为基础的。原本这个系统名为iPhone OS，2010年6月7日在WWDC大会上宣布改名为iOS。主要用于iPhone、ipod Touch以及iPad产品上，目前最新版本为iOS 12（图6-4）
Android	Google于2007年11月5日宣布的基于Linux平台的开源手机操作系统的名称，该平台由操作系统、中间件、用户界面和应用软件组成，号称是首个为移动终端打造的真正开放和完整的移动软件 Android作为Google企业战略的重要组成部分，进一步推进了"随时随地为每个人提供信息"这一企业目标的实现。谷歌的目标是让（移动通信）不依赖于设备甚至平台，目前的最新版本为Android 10（图6-5）
Palm OS	Palm OS是Palm公司开发的专用于PDA上的一种操作系统，这是PDA上的霸主，一度占据了90%的PDA市场的份额。虽然其并不专门针对手机设计，但是Palm OS的优秀性和对移动设备的支持同样使其能够成为一个优秀的手机操作系统。目前进化至Palm Webos
Windows Phone 7 Series ~ Windows 10 Mobile	Windows Phone 7 Series是微软重新打造Windows Mobile品牌之后推出的一款产品，从外观到软件代码都有了很大的改动。与此前的Windows Mobile系统相比，Windows Phone 7 Series有着完全不同的屏幕主页和用户界面，集成了Xbox Live、Zune，以及多个新的社交网络工具，目前微软已经宣布不再支持Windows Phone，最终版本为Windows 10 Mobile
Windows Mobile	Windows Mobile是Microsoft用于Pocket PC和Smartphone的软件平台。Windows Mobile将熟悉的Windows桌面扩展到了个人设备中，是微软为手持设备推出的"移动版Windows"。使用Windows Mobile操作系统的设备主要有PPC手机、PDA、随身音乐播放器等。Windows Mobile操作系统有三种，分别是Windows Mobile Standard、Windows Mobile Professional、Windows Mobile Classic。目前已经停止更新
Symbian	Symbian OS是一个专为移动设备设计的开源操作系统，它包含联合的数据库、使用者界面架构和公共工具的参考实现，它的前身是Psion的EPOC。现在流行的Symbian系统有以下四个版本，分别为S40、S60(第二版)、S60（第三版）、S60（第五版）。S60（第五版）为触摸屏手机版本，如诺基亚5800xm和诺基亚N97，目前已停止开发使用

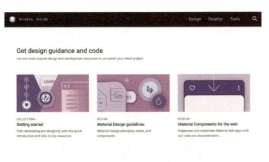

○ 图6-3　Material Design界面设计指南
（图片来自https：//material.io/）

○ 图6-4　iOS12系统风格

○ 图6-5　基于Material Design的Andriod系统风格

（2）几个重要的特征，区别于传统的PC互联网产品

① 屏幕尺寸多样化，形态各异。高分辨率的屏幕使手持设备成为具有强大显示能力且适合用户装进口袋使用的设备。对于用户来说这是个优势，但是对于开发人员来说这是个很大的挑战。因为这意味着必须设计出一个不同于习惯设计的用户界面。iPhone目前的设计尺寸如图6-6所示。这里一定要注意，苹果增大了单位面积显示的像素点阵，但是物理屏的尺寸依旧是3.5英寸（1英寸 = 2.54厘米）。搭载Android系统的手机硬件由于是不同手机厂商开发，所以目前拥有太多的尺寸。众多的尺寸给第三方内置应用带来了庞大的开发成本，视觉设计师的工作尤其繁重。所以本书的案例还是选择iPhone平台。

12.9" iPad Pro	2048px × 2732px	2732px × 2048px
11" iPad Pro	1668px × 2388px	2388px × 1668px
10.5" iPad Pro	1668px × 2224px	2224px × 1668px
9.7" iPad	1536px × 2048px	2048px × 1536px
7.9" iPad mini 4	1536px × 2048px	2048px × 1536px
iPhone Xs Max	1242px × 2688px	2688px × 1242px
iPhone Xs	1125px × 2436px	2436px × 1125px
iPhone XR	828px × 1792px	1792px × 828px
iPhone X	1125px × 2436px	2436px × 1125px
iPhone 8 Plus	1242px × 2208px	2208px × 1242px
iPhone 8	750px × 1334px	1334px × 750px
iPhone 7 Plus	1242px × 2208px	2208px × 1242px
iPhone 7	750px × 1334px	1334px × 750px
iPhone 6s Plus	1242px × 2208px	2208px × 1242px
iPhone 6s	750px × 1334px	1334px × 750px
iPhone SE	640px × 1136px	1136px × 640px

○ 图6-6　iPhone的设计尺寸

② 内存有限。内存是iPhone操作系统的重要资源，所以控制应用程序所占的内存是至关重要的。必须小心，不要给应用程序分配过多的内存。当内存不足的情况发生时，iPhone操作系统会对正在运行的程序发出警告，如果问题依然存在的话可能会终止程序。应当确保应用程序能够即时响应内存使用警报，并即时清理内存。

说到这里，交互视觉设计师尤其要注意，例如一个屏幕反转效果，不是所有的硬件设备都能支持，在某些低端机器上，内存不够支持这种界面特效。所以在设计的时候，要理性对待花哨的反转切换效果，把精力放在主要的几种产品核心框架的视觉设计上。

③ 屏幕色彩。不同的硬件支持的色彩不同，支持色彩越丰富价格也越高。在做设计之前，最好先了解移动设备的色彩支持情况，并在设计过程中经常把设计稿放到设备中测试。

表6-6是一个移动平台与PC的多维度对比的表格，从中可以看到更多细节的不同。

后面的设计过程中，还将了解很多iPhone平台视觉设计的相关规范。

表6-6 移动平台与PC的多维度对比表

类别	移动平台	PC
环境	移动状态下和静止状态下均可操作	静止状态下操作
环境	环境相对复杂	环境相对可控
环境	环境光变化较多	环境光相对稳定
环境	网络不稳定	网络稳定
硬件相关	显示区域小	显示区域大
硬件相关	操作范围小	操作范围大
硬件相关	硬件性能在提升，但仍然低	硬件性能相对高
硬件相关	按键操作，或触控笔，或触摸操作	使用其他硬件（键盘鼠标、触摸板）
硬件相关	单手/双手	双手
硬件相关	重力感应	滚轮
屏幕	横屏、竖屏	横屏（常见）
屏幕	硬件不同色彩支持不同，总体水平低于PC的屏幕	色彩丰富
心理因素	注意力容易被分散	注意力相对集中
心理因素	关注流量，包流量-月末效应	不关注流量，包月不包流量
心理因素	怀疑网络问题而不是产品问题	怀疑产品问题而不是网络问题
心理因素	对无用信息的忍耐度降低	能够适度忍耐无用信息

6.2 视觉设计工作的开展

6.2.1 确定产品性格，寻找设计灵感

产品视觉设计部分首先需要考察产品的性格、人群、存在环境，也就是我们提到的货架思维。手机App或者网页类型的交互设计好比超市中的实体产品，任何产品都需要考虑在什么场景下使用，才可以确保设计在应用中尽量减少不良用户体验。

一个应用拥有自己的性格很重要。需要如何确定产品的性格呢？我们可以从相关的竞品或者已经存在的App中获取灵感。近五年的智能手机更新速度加快，手机中相同功能的App层出不穷，热度和使用率位高不下的类型应该算是资讯类App。随着媒体的迅速扩增，多种多样的资讯不断更新，根据人们兴趣点推送的不同类别的资讯蜂拥而至。在交互设计中，我们需要去思考该如何确保资讯的时效性能最大化地被利用，这时产品性格是我们最主要的关注点。

首先提取出四个重要的关键词：新鲜、准确、时尚、简洁。带着这四个词，在后面的设计中，要尽量贴近和靠近这四个词的感觉，把产品的性格融入每一个设计细节中去。图6-7是一个团队头脑风暴时在写字板上画的脑图。

> **提示**
>
> 团队操作项目的时候，会有更多的词诞生，那么需要做减法，把最重要的、最契合的词找出来。不要太多，3个最佳，一般不超过5个。

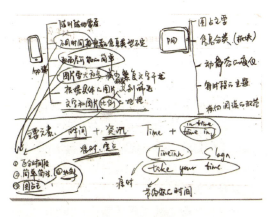

△ 图6-7 脑图

息栏，没有其他功能的版块出现，可以看出他们对于资讯的推放是专一集中的。

（1）确定产品性格的方法一：行业视觉特征分析

对于资讯类App，可以参考当下最权威的网站以及传统型资讯网站进行对比和分析，这样可以保证自己的设计没有因过多的偏重某一方面而降低用户黏合度。首先来看几个大型新闻资讯网站，对于其中符合新鲜、准确、时尚、简洁四个关键词的资讯平台，我们选择了36氪、虎嗅、果壳进行分析。同时，将之与搜狐、新浪这类大型网站进行对比分析。

首先来分析36氪、虎嗅、果壳的界面设计风格。如图6-8所示的36氪，其导航栏、主要信息栏、专项功能栏的区域划分明确，并且在浏览的过程当中，三个滚动栏都是同步跟踪的，以确保在浏览主信息的同时可以浏览主推的资讯。整个界面以白色底为主，Logo由代表活力、年轻、科技感的粉宝蓝色作为主要视觉色彩，由此影响其整套体系的视觉色彩导向。主次关系也仅仅是用色彩的饱和度和不透明度来进行划分，干净清晰、富有活力。

鉴于推送信息的复杂性，同时还要确保图片的保真程度，过多的色彩对于资讯的有效传达并不会起到一定的辅助作用，因此，36氪的单一性色彩有了其品牌的性格——科技、年轻、新鲜。

接着我们来看虎嗅和果壳（图6-9、图6-10），这两个资讯网站的界面分为两列，主要的导航栏位于顶端，除了主要信息和次要信

△ 图6-8 36氪网站界面图

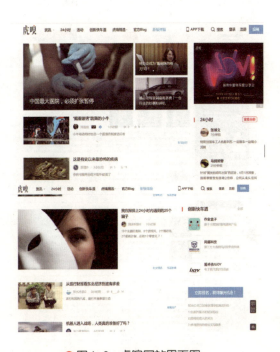

△ 图6-9 虎嗅网站界面图

文字超过5分钟时,注意力会逐渐丧失。琐碎的文字描述、节段式的摘要会耗费用户巨大的时间成本去过滤文字,从而筛选出对自己有兴趣的词汇,并且这类综合性新闻资讯平台的受众长期坐于电脑前,而红色、橙色的暖色调会给人一种热情、激动的感受,在心理学层面上会加快人们对信息的接受以及快速阅读的感觉。这样在阅读兴趣的热度消减过后,用户并不会记住太多有效信息。

通过分析以上视觉界面案例,我们可以总结出以下几点。

作为资讯类平台,界面中呈现的图片文字种类繁多,很难保证色彩和风格的一致和统一。为了避免界面过于复杂所带来的不必要的干扰,整体的背景模块就要更加清晰直观,配色切忌种类复杂、饱和度过高。在视觉分布上,为了信息推送的有效性以及最大化地体现每一条主题的亮点和内容部分,我们可以选择干净整洁的色系作为铺垫,从而提高信息传达的效率,以及用户审美上的纯净享受。

我们所提取的产品性格为高效、整洁、清新。接下来,我们可以去查找高效、整洁、清新相关的图片,然后去吸取我们所需要的产品风格定位的颜色。

在搜集过关键词相关的图片(图6-12)后,我们需要吸取关键色作为所要参考的颜色,如图6-13。

△ 图6-10 果壳网站界面图

同时,可以去对比一下信息量复杂、功能过于繁多的资讯平台,例如新浪(图6-11)。这家国内最早的资讯类门户网站,内容包罗万象,但即便是浏览这样的资讯平台,用户通常也是有针对地搜索,否则当用户阅读大批量的

△ 图6-11 新浪官网界面

△ 图6-12 素材收集拼贴

△ 图6-13 吸取的关键色

以蓝色、蓝绿色为主要应用颜色,根据这

两种颜色可以进行色彩明度、纯度、饱和度的变化，以备在界面设置中快速查找颜色的视觉语言。

（2）确定产品性格的方法二：团队调研，头脑风暴

进行团队合作的优势是可以集结不同人的观点和感受进行头脑风暴。由于针对同一个项目或者事件，每个人都会产生不同角度的联想，所以通常采用头脑风暴这样的形式去做初期调研或定位。这样在进行头脑风暴的时候，可以确保信息收集的多样性，同时也能更全面地去搜集我们所需要的素材。

例如，信息资讯所给我们带来的直观感受是什么？图6-14是为这个项目搜集的关键词集合。

△ 图6-15 吸取颜色过程

以上演示的是Indesign中的颜色抽取，因为Indesign软件在提取颜色时，可以基于主色调衍生出6种近似色调，当然对于其他软件也都可以去尝试。

由此，我们抽取出了如图6-16所示的几种颜色。

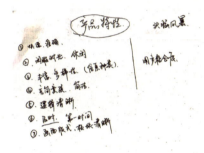

△ 图6-14 信息资讯关键词集合

关键词有快速、准确、专注、休闲、第一时间、多样性、简洁等。

之后筛选的关键词为快速、准确、干净整洁。继而针对这几个关键词找出一些相关图片。与方法一收集素材的效果差不多，但在调研过程中，多人合作的效率胜于单人持续搜索的效率，这也是我们比较推崇的一种调研方式。

方法一中提到了吸取关键颜色，在这一小节我们来重点讲如何吸取关键颜色。

首先我们将所搜集到的图片进行混合拼贴，在形成一整张画面的同时，用Photoshop或者Adobe的其他软件例如Ai、Indesign等包含吸管颜色的软件进行颜色的提纯和抽离（图6-15）。

△ 图6-16 抽取的颜色

最后，整理出两种方案所提取的颜色作为主视觉色调。设计小组在调研过程中确定本软件的名称含义为资讯的及时准确的推送，将英文单词in time转化为Timeinn，T的设计元素为时针、分针，用两端的渐变渐浅打造出迅速及时的感觉，主色调为蓝色与黑色，并与粗体字搭配，以便呈现出很好的视觉冲击力。总之，产品定位要在Logo和整体界面上形成视觉颜色语言的统一。

通过以上尝试，我们初步定下了产品的大致风格、视觉主色调，以及产品的定性。下一步需要确定产品的定性、界面的细节。在App端，我们分析了36氪、果壳、虎嗅三个App的界面。

36氪App界面的最上方是标签栏，往下是主推信息的图文标题，可以清晰地传达一则资讯的概况，比较直观地吸引用户的注意力。主

要的导航栏始终出现在下方,以使于用户方便地寻找模块,每个模块的内部界面也选用的是图文,以小段文字摘要的形式提供服务。整体的色调为纯色加细节的色块,背景为大面积的白色,选择扁平化作为导航图标的设计风格,如图6-17。

▲ 图6-19 虎嗅App界面

▲ 图6-17 36氪App界面

果壳App的导向使用的是初期交互的"面包式"导航栏,功能极简,整体的区域分布和36氪App有异曲同工之处,也是为深色纯色调与大面积白色做基础(图6-18)。虎嗅App则与36氪App的大框架在视觉上几乎是同一风格和思路(图6-19)。

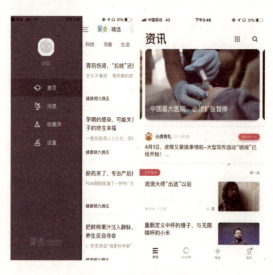

▲ 图6-18 果壳App界面

分析过参考竞品的视觉风格和主题之后,可以归纳出几大特点:

① 空白区域占主导部分,需要选取与视觉语言相符的色块进行重点区分和风格确立;

② icon元素需要和整套界面成体系,必要时需要自己创建一组icon;

③ 模块间做区分的时候,需要注意边界对齐,使得在没有线条约束的同时,也能让用户直观地感受到不同模块的划分。

根据以上对产品性格、主视觉的分析,我们简单对交互的初步定位有了一定的了解。接下来,来看一个完成界面设计具体是如何进行的,同时讲解在做设计的过程中我们需要注意什么壁垒。

=== 提示 ===

常常听到视觉设计师总是抱怨没有灵感,但是灵感不是说有就有的。解决这个问题的方法只有一个——平时积累设计的风格和技法,比如逛一些设计类的分享网站,多收集好的作品并进行分类,在需要灵感的时候便能准确、快速地找到相关的作品,从中汲取灵感,吸收优秀作品的方法;学习记录好的想法和点子,整理出自己的资源库。如此日积月累，在进行新项目设计的时候，曾经看过的优秀案例大都会时不时地浮现在脑海，灵感也会适时出现。没有捷径，只有不断积累，设计师才会在灵感输出的时候产生快速的反应，用最快最准确的方式来表达对产品的理解。

设计icon时，考虑交互设计原则的同时也需要使用平面设计的设计，现在有很多现成的icon集结的网站，我们可以成体系地下载并应用那些icon。这里要说的是，纵使我们选用一套美感、设计感都非常优秀的icon，但到实际应用时，我们需要有版权意识，要有自己作品的独特性和不可复制性。因此在icon的绘制上尽可能地还是自己去用Ai（Adobe Illustrator）去设计一套有不同功能的icon。这样一系列的icon在整理完毕之后，无论遇到什么样的界面设计，都可以有一套用来参考，并在此基础上进行调整和应用。

另外，我们可以尝试对不同领域的icon进行分类归纳，从而在针对不同服务行业或者应用场景时，我们都可以快速形成一套优秀的体系，达到事半功倍的效果。其实不是所有的项目都要创新，大多数情况是需要来完成既定的项目目标。

在实际项目中，设计师不是从自我出发，以随心所欲的方式创造尚未存在或者异想天开的作品。设计要产生设计价值，要有一定的逻辑严谨性和实际应用价值，才可以成为一个好的设计。任何一个产品都要参与整个市场的竞争，设计师不能指哪打哪，而需要通过视觉设计研究来确定自己产品的风格。有一定的调研基础，不仅可以帮助我们迅速找到设计定位，同时也会更贴合用户需求，在甲方与乙方中换位衡量自己的身份，可以帮助我们更好地调整自己的设计，逐渐拥有成熟的技法与可信度高

的专业性。

目前的界面设计软件配置已经从最初的图像处理软件与矢量绘图软件的组合（最典型的为Photoshop与Illustrator）转化到图像处理软件、矢量绘图软件与专业UI设计软件的组合。流行的专业UI设计软件包括Mac系统上的Sketch与Mac和Windows系统通用的Adobe XD。专业的UI设计软件可以理解为一个综合性的设计平台，在这个平台上可以把整个交互系统的界面组织起来，并制作演示和测试使用的原型。在使用UI专业设计软件之前，应当事先在图像处理软件与矢量绘图软件中将需要用的位图图像以及矢量图形制作完成，关于这两种软件的学习和使用并非本书重点讲解的内容。基于目前交互界面设计行业的软件使用情况，本书选择讲解如何使用Sketch进行界面整合设计以及使用Adobe XD进行原型设计。

6.2.2　App Icon设计过程

（1）寻找灵感

在App Store或者安卓应用商店可以看到很多产品的App Icon，可以多看看，找一找灵感。我们根据主要的三个竞品来分析现在市场上常见的App Icon的形式及特征。经过对比，我们发现果壳、36氪、虎嗅都以多个文字的形式来作为产品的App Icon。文字形式的App Icon是一种最简单但也是最难的设计对象，可是却能最直观地呈现品牌形象。我们也可以借此多看一看其他使用文字形式作为App Icon的产品（图6-20）。

▲ 图6-20　文字形式的icon设计

多个字体设计通常作为产品名称直接运用在设计中，如有道、闲鱼、当当、小红书等。

多个字体设计需要注意的是整体的协调与可读性，一排出现两个汉字属于比较理想的可读范围，极限值为3个汉字并排，最多以两行为宜。

由此推算，适合运用字体作为应用图标的产品名称最多以6个字为宜，超出这个数量，将会大大降低用户对产品的识别能力。多个字体的优点：可以更加直接地告知用户产品名称，便于品牌推广，减少用户的记忆成本。

如图6-21所示，我们将三个App Icon依次排列。果壳通过粗细不规则变化的形态以及舒适的颜色搭配来呼应果壳的新鲜、有趣、好玩的品牌特点，同时使用产品名称——果壳作为App Icon的主体形象，既宣传了品牌，也做到了品牌定制化。再来看36氪的App Icon设计，同样以产品名称作为主体的形象，天蓝色配色让产品更显年轻、未来感，做了圆角处理的文字形象，也使产品形象更舒适、平易近人，更加接地气。最后看虎嗅的设计，几何图形的运用可以增加图标的形式感，三角形的运用有一定的引导性，衬线字体的典雅气质、较细的线条突出了虎嗅细致尖锐的产品气质，同时红黑的搭配也是配色中的经典。

△ 图6-21 三个文字icon设计

（2）勾勒出App Icon样式

通过第一步收集的灵感，我们开始发散思维，可以从产品的宣传语——"专注自己的时间"来着手思考，结合产品的品牌特性——一款培养用户定时阅读优质资讯习惯的产品，我们可以使用英文字母Timeinn作为设计的基础图形。由于英文字母本身造型简洁，再结合产品特点进行创意加工，很容易达到美感与识别性兼备的效果。根据"定时"的特点，我们可以联想到时间——时钟——时针、分针的特别意象，而字母T被图形化后比较像"时针""分针"的形状，于是我们可以根据此想法，再在英文字母上加一些意象来设计App Icon。通过不断调整演变得出最终的App Icon，我们可以先简单地在纸上进行绘制，多尝试几种形态的组合方式，最终确定一个大体形态后再进行电子版的绘制，如图6-22。

△ 图6-22 方案设计草图

（3）创建画板，绘制基础形态

① 首先打开Sketch，选择New Document，创建新的文档，这里我们使用的是Mac端Sketch，版本号为vesion 51.3。

② 通过快捷键A来快速创建面板，这里也可以使用菜单栏中的Insert > Artboard选项来创建面板。在右侧的属性检查器中可以编辑画板尺寸，尺寸（Size）为宽500px，高260px（图6-23）。

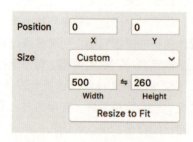

△ 图6-23 画板尺寸设定

③ 通过快捷键Control+R或者菜单栏的View > Canvas > Show Ruerls来显示/隐藏标尺工具（图6-24）。

◎图6-24 标尺设定

④ 使用标尺工具为Logo勾画出内容安全区，用鼠标在X、Y标尺上点击并拖拽出辅助参考线，分别为上下左右留出24px的空间（图6-25）。

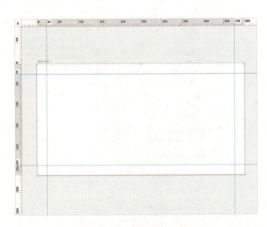

◎图6-25 参考线设定

⑤ 使用快捷键R或菜单栏的Inser-Shape > Rectangel来创建Logo的T字母基础型，也就是"时针"和"分针"，尺寸与距离可以根据自己的设计感进行调整制作，如图6-26。

◎图6-26 基础图形制作

⑥ 用鼠标双击矩形，唤醒矩形的锚点，通过鼠标+方向键来细化调整锚点，使整个Logo的形态趋向于顺时针转13°~15°，类似于时钟上6：15的形态，使整个Logo更具线条感，更加简洁干净，充满速度与力量感，就像时间飞快地流逝一样。此步骤可以配合辅助线，根据感觉来调整，另外使用Option快捷键+鼠标可以快速测量元素之间的距离，通过这些手段做到元素在视觉上的间距、高度、大小的统一，如图6-27。

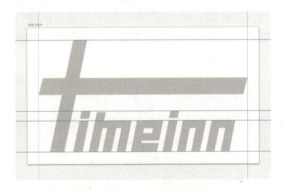

◎图6-27 Logo图形的调整

（4）添加样式，呼应品牌设计

① 根据品牌特点，我们可以把品牌色与"时钟""分针"组合使用。这里选中"分针""时针"矩形，为其添加颜色属性，点击右侧属性检查栏填充（Fills）项，点击Fill选择第二项——渐变属性，为其添加一个使用品牌色的渐变属性，点击渐变滑块区域设置三段渐变，其中最中心的渐变色值为100%透明度的#4C83E6，左右两头使用0%透明度的#4C83E6，如图6-28。

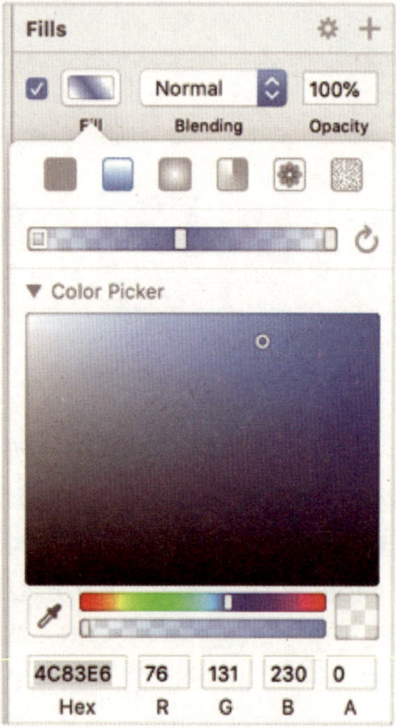

图片，用作下一步的模版预览，如图6-30、图6-31。

◎ 图6-30　点击Make Exportable

◎ 图6-31　设置格式

（5）放入App Icon模版预览

目前，在Sketch的菜单栏里自带有App Icons的模版文件，这样可以节省大部分的切图时间，我们只需要专注地进行Logo的设计就可以了。

① 在Sketch的菜单栏点击File > New from Template > iOS App Icon选项（图6-32）。

◎ 图6-32　iOS App Icon功能

② 点击打开这个iOS App Icon文件，用刚刚设计的启动图标替换掉智能对象里的内容，你会发现所有尺寸的图标都变成了刚刚设计的图标。然后把背景隐藏，切出这些图标即可。图6-33是最终生成的效果图。

◎ 图6-28　色彩调整

② 根据刚才调整的颜色，我们通过渐变锚点来调整实际的效果，使矩形两端给人以若隐若现的感觉。对于两个指针的长短也可以通过颜色调整来使其更符合真实钟表的形象，注意分钟在整体视觉上不宜过长。

③ 为其他字母填充颜色，点击Fills项，填充颜色，色值为#222F3E，对于这种辅助颜色应该尽量寻找偏向主题色的颜色，使整体上形成一种色调。最终整体效果如图6-29所示，可以根据自己的感觉进行调整。

◎ 图6-29　填充色彩的调整

④ 选中整个App Icon画板，点击画面右下角的Make Exportable，输出一张PNG格式的

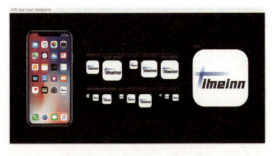

△ 图6-33　生成的各尺寸图标

6.2.3　登录界面的设计过程

登录界面由产品Logo，手机号和验证码输入区域，登录和协议阅读按钮，其他登录方式，以及关闭按钮组成。目前的产品注册/登录界面为了降低用户的产品账号记忆负担，优先为用户提供使用手机号注册/登录的方式。界面尺寸宽750 px，高 1334 px。（注：所有设计稿均采用750 px ×1334 px尺寸设计），如图6-34。

出了主要的功能意图，如图6-35。

△ 图6-35　贝壳应用的登录界面

terhie的设计同样使用简洁的白色背景，着重放大标题及登录按钮的比重，简单干净，引导用户快速完成登录（图6-36）。

△ 图6-34　登录界面设计

在设计之前，首先欣赏一些其他优秀的设计，找找相关的设计规律。

贝壳应用的登录界面采用了非常简单干净的白色背景，放大了登录标题及登录按钮，突

△ 图6-36　terhie的登录界面

图6-37所示为一个国外金融类App产品debttrackr的登录界面，该界面突出了品牌的同时，在纯色背景叠加了金币的意象图，更隐喻地传递出公司的主营业务。

图6-37　debttrackr登录界面

同样，来自国外的MEDDU应用使用了大面积品牌色作为底色，简洁的文字Logo使用卡片形式将功能区包裹起来，让用户浏览操作起来更舒适且更加专注到主要信息内容，如图6-38。

图6-38　MEDDU登录界面

图6-39所示为股票牛的登录界面。特点是使用选项卡的方式提供不同登录方式，同时很贴心地准备了"登录有问题"的帮助按钮。

图6-39　股票牛登录界面

腾讯公司的QQ应用在登录界面中有典型的登录流程，同时提供新用户注册、忘记密码、账户状态等功能。我们可以重点学习一下它是如何对这种复杂的设计需求进行排布的，同时注意区分各个控件的大小，以此来表达功能的优先级，如图6-40。

图6-40　QQ的登录界面

结合前面提到的视觉层次设计，这几个登录界面的案例都很好地把App的品牌形象进行了突出，同时提供了干净整洁的登录功能，提高了登录的效率。下面展开Timeinn应用的登录界面设计。

（1）创建画板

① 打开Sketch，通过快捷键A来快速创建面板，之后查看右侧属性检查栏提供的默认设备尺寸列表，在选项中我们先选择Apple Devices选项中的iPhone 8的@1x图尺寸作为基础画板（图6-41）。

图6-42　画板设置

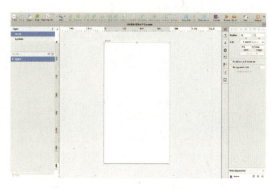

图6-43　设置好的画板

③ 勾选右侧属性检查栏的画板背景颜色（Background color）属性，将背景颜色填充成纯白色，颜色色值为#FFFFFF（图6-44）。

图6-41　创建画板

② 通过修改尺寸（Size）将画板尺寸修改为宽750px，高1334px。这里我们以@2x图的面板设计尺寸进行项目设计，目的是可以将各种控件尺寸控制为4的整数倍数，方便记忆，提高设计效率，同时更方便地适配其他机型（图6-42、图6-43）。

图6-44　背景色设置

（2）插入并调整背景图片

① 从文档外拖入一张图片到面板内或使用菜单栏的 Insert > Image 插入图片，该图片将作为登录界面的配图，用来凸显产品的格调，所以选图时应选择符合产品内容及格调的图片，如图6-45。

图6-47 设置图片透明度

图6-45 插入背景图

② 调整图片大小及显示的内容到合适的位置，以此降低图片在画面里的层级，使图片与白色背景自然地融合在一起，点击右侧属性检查栏的Fills选项，为图片添加渐变样式、渐变方向，方向由图片顶部垂直到底部，如图6-46。

④ 紧接着点击Gaussian Blur项为图片添加高斯模糊效果，高斯模糊数值（Amount）设置为1px，如图6-48。

图6-48 设置模糊数值

⑤ 最终实际效果如图6-49，具体效果可以根据实际图片的情况来设定。

图6-46 设置图片渐变

③ 颜色设置为透明度（Alpha）为0%的#FFFFFF到透明度（Alpha）为100%的#FFFFFF，如图6-47。

图6-49 最终实际效果图

（3）添加Logo及Solgen

将已经设计好的Logo居中放置到屏幕中央，根据背景底图调整好位置，注意不要遮挡底图，同时也不要被底图影响文字的阅读性。此时，可以选择性地添加一句宣传语放置在Logo下方，注意宣传语要简明扼要。同时，选择的字体也要符合产品调性，这里我们选择使用了非衬线字体，来突出产品的简洁、专业的特征。在调整元素与元素之间距离时，我们尽量使用4的整数倍数原则，将元素之间的距离控制在8、16、24、32等4的整数倍，以此达到空间间隔的一致性，可以通过设定几组常用间隔数值来达到高效设计的目的，另外，可以搭配Sketch的一大特性，即Option快捷键快速测量元素之间的距离，快速、方便地根据实际显示的距离进行调整，那么这里我们设定Logo与宣传语元素之间的距离为24px（图6-50）。

▲ 图6-51　创建矩形

▲ 图6-52　设置矩形尺寸

③ 然后设置圆角（Radius）属性，圆角值为10px，如图6-53。

▲ 图6-53　设置圆角尺寸

④ 再设置Fills属性，点击Fill项设置矩形框填充颜色，将Hex设置为#FFFFFF，如图6-54。

▲ 图6-50　放置Logo与宣传语

（4）创建手机号及密码输入框

① 接下来我们制作输入手机号及密码的输入框，使用快捷键R或Inser > Shape > Rectangel来创建一个矩形框，如图6-51。

② 在右侧属性检查栏设置矩形框尺寸，（Size）宽640px，高240px，如图6-52。

▲ 图6-54　设置填充色彩

⑤ 再给矩形增加一个阴影（Shadows）属性来提升输入框在画面中的视觉层级，设置阴影颜色（Color），Hex的数值为#000000，透明度（Alph）为10%（图6-55）。

图6-55 添加阴影

⑥ 设置阴影其他参数，X=0，Y=2，Blur=20，Spread=0。其中X/Y为阴影在横纵坐标偏移的像素值；Blur为阴影模糊的程度，数值越高越自然；Spread为阴影扩散的值参数，具体可根据实际情况来调整（图6-56）。

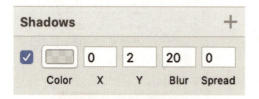

图6-56 设置阴影参数

⑦ 然后通过快捷键L或菜单栏Insert > Shape > Line创建一条分割线，如图6-57。

⑧ 设置分割线的长度（Length）为640px，注意需要将线的X/Y轴位置调整为整数值，如图6-58。

⑨ 设置分割线厚度（Thickness）为1px，如图6-59。

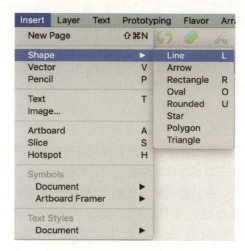

图6-57 添加分割线

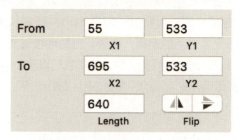

图6-58 设置分割线长度

图6-59 设置分割线厚度

⑩ 同时选中矩形输入框及分割线，分别点击对齐工具栏从左数的第四个垂直居中按钮、第七个水平居中按钮，将线与输入框水平、垂直居中对齐，如图6-60。

图6-60 使用对齐功能

⑪ 点击右侧属性检查栏Border项，设置分割线的颜色，Hex值为#000000，透明度（Alph）为5%，尽量让线自然地融入输入框中，做到不抢眼但又可以分割视觉效果，如图6-61。

◎ 图6-61 设置分割线颜色

⑫ 继续添加对应的文字完善输入框内容。此时需注意，实际使用产品时，字体不宜过小，在当前尺寸的画板下涉及需要阅读的字体尺寸最好不要小于24px。这里我们使用28px的字体作为输入框默认字号，使用默认系统自带的行高（Line）数值，行高（Line）数值为34px，如图6-62所示。

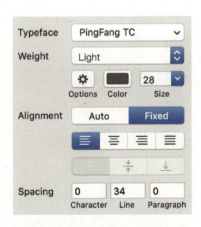

◎ 图6-62 设置字体颜色

⑬ 需要注意输入框文字会有输入与未输入两种状态，为了给用户提供更好的体验，可以将未填写状态下的文字"请输入手机号""请输入验证码"的颜色设置为#CCCCCC，"获取验证码"按钮的颜色设置为#4C83E6，然后通过Option快捷键调整文字与输入框上下左右

之间的距离，距离左边框为32px，上下等值即可，如图6-63。

◎ 图6-63 设置字体颜色

⑭ 最后调整输入框与宣传语之间的距离为80px，输入框完成后效果如图6-64。

◎ 图6-64 输入框完成效果

（5）绘制登录按钮

① 继续使用快捷键R创建出一个矩形，用同样的方法来设定尺寸、圆角、颜色等，矩形长640px，高为88px，圆角为10px，填充颜色为#4C83E6，在正中央添加字号为28px的按钮文字"登录"，登录按钮颜色设置为#FFFFFF，如图6-65。

◎ 图6-65 绘制登录按钮

② 因为按钮也有不同状态，这里的登录按钮有可用及不可用状态，我们可以给不可用状态一个样式，来更好地完善体验。这里我们通过快捷键Command+G来使矩形与文字成组，组成登录按钮，然后给整个按钮一个50%的不透明度（Opacity），最后调整登录按钮与输入框之间距离为124px，如图6-66。

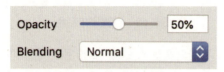

△ 图6-66　调整透明度

③ 完成按钮的制作后，我们将已阅读隐私政策的选项放置在登录按钮下方，使用快捷键O或Insert > Shape > Oval来创建一个圆形元素，如图6-67。

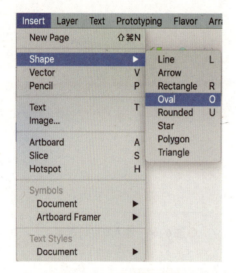

△ 图6-67　绘制圆形元素

④ 圆形尺寸（Size）为宽24px，高24px，如图6-68。

△ 图6-68　设定圆形尺寸

⑤ 点击右侧属性检查栏的Fills项，设置填充颜色，Hex色值为#EEEEEE，如图6-69。

△ 图6-69　设置填充颜色

⑥ 设置"我已经阅读并同意《用户服务协议及隐私政策》"字号为24px，这里要将可点击查看的"《用户服务协议及隐私政策》"字体颜色单独设置，Hex色值为#333333，再设置不可点击的"我已阅读并同意"文字的颜色，Hex色值为#666666，最后按Command+G将圆形选项框与文字组成一组，将整个内容画板居中对齐并调整其与登录按钮之间的距离为24px，如图6-70。

△ 图6-70　调整位置

（6）摆放第三方登录按钮

可以从网站上下载一些常用的第三方图标来简化绘制过程，提高效率，这里推荐到 https://www.iconfont.cn/ 网站下载图标。将下载好的常用的"微信""QQ""微博"按钮摆放好，图标尺寸调整为宽64px，高64px，图标之间间距调整为64px，按Command+G成组后与画板居中对齐，最后再调整其与登录按钮下的《用户服务协议及隐私政策》文字之间的距离为228px，效果如图6-71。

效果如图6-73。

△ 图6-73　最终登录界面效果

△ 图6-71　放置图标

（7）添加关闭按钮

① 在左上角添加一个关闭按钮，点击区域尺寸为宽40px，高40px，如图6-72。

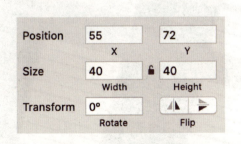

△ 图6-72　添加关闭按钮

② 配合快捷键Option，设定关闭按钮的位置距左边55px，距顶部72px。最终登录界面

6.2.4　主界面——我的订阅设计过程

作为一个设计项目，主界面及其他关键界面设计是产品设计工作中最核心的部分。一个客户端产品的主要控件、交互、信息也都基本能够在这些界面展现。所以设计这些界面的时候要时刻注意留心以下问题：

① 哪些控件是标准控件，会被大量复用？

② 信息文案需要有几个层级？需要被赋予多少种颜色？字体大小是什么？是否还有其他的样式？请务必用少量的颜色来诠释信息的结构。

③ 请注意，如果界面上有图标设计，可以事先用其他图标替代，在项目进入实际开发的时候再细化。

④ 要清楚界面上每一个信息的来历，精确到字符串的多少，是数字形式、文字形式还是数字文字混排等。要确保信息呈现得万无一失，就必须对每一个界面上的信息保持全方位的了解。

本节中，我们以产品的主界面线框图（图6-74）为基础开始设计。借此例子了解iOS平台的一些基本控件的制作过程。

△ 图6-74 主界面线框图

上文提到建立界面可以根据750px×1334px或375px×667pt来建立画布，但是具体状态栏的高度、导航栏的高度、tab栏的高度是多少呢？苹果公司为开发者准备好了多个格式的规范，资源下载地址为https：//developer.Apple.com/design/resources/，如图6-75。

△ 图6-75 苹果公司提供的设计资源下载

在iPhone 6/7/8存量仍然很大的情况下，我们的设计稿仍然需要以 iPhone 6/7/8的屏幕尺寸来进行设计。从苹果官网下载好 UIKit，上面有我们需要的所有基本设计元素。这些元素有 PSD、Sketch以及XD版本，不管用什么设计软件均可找到对应版本。如果需要一些弹窗或者其他控件，那么在UI Elements文件夹中可以找到；如果需要界面的尺寸模板，可以在Design Templates 文件夹中找到。所有文件都有两份，结尾带有-iPhone X的是为 iPhone X系列设计的模板，没有标识的是为 iPhone 6/7/8设计的模板，如图6-76。

△ 图6-76 不同类别的iOS设计资源

为了让设计更符合整体产品品牌的设计感，大部分控件都可以做成自定义的设计样式。但这会增加设计师以及开发人员的工作量以及占用大量图片资源，所以一般在设置界面这些无须太体现设计感的页面中都使用系统默认控件，而在一些品牌感需要强调的页面或产品中则会使用自定义的样式。如果我们想自己设计控件，那么注意两件事：第一，点击区域尺寸需要基本符合88px原则，也就是在手机上大小是7～9mm，适合手指点击；第二，要设计操作的不同状态，以适应不同的功能需求，如图6-77。

△ 图6-77 不同状态的控件设计

下面介绍一些经常使用的iOS控件的设计规范，其他手机系统的控件设计规范可以查阅相关资料。

● 状态栏（Status Bar）

状态栏（Status Bars）是手机最上方用来显示时间、运营商信息、电池电量的区域，如图6-78。

△ 图6-78 状态栏

在画板尺寸为750px×1334px的情况下，iPhone 6/7/8设计中状态栏的高度为40px，导航栏的高度是88px。需要注意的是这两个区域在iOS 7之后就进行了一体化设计。所以总体尺寸是两者相加为128px。在iPhone X中，状态栏的高度为132px，导航栏的高度也是132px。这两个区域同样要进行一体化设计，所以它们加起来的高度是264px。状态栏是可以设计为隐藏的，对于这种设计，一定要谨慎考虑。用户希望能够看到其设备的当前电量、时间等信息。把这些信息隐藏起来，让用户只有在退出应用程序的时候才能看到，这并非是理想的用户体验，如图6-79。

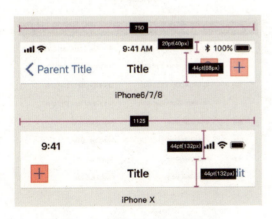

△ 图6-79 状态栏与导航栏尺寸

状态栏的样式极少可以控制色彩样式，根据界面设计的需要，可以选择三种样式的状态栏：透明样式、白色、黑色，这个由视觉设计师根据界面设计的需要来决定。

● 导航栏（Navigation Bars）

导航栏出现于屏幕的上方，位于状态栏之下。导航栏通常包括当前页面的名称，并包含可对页面进行操控的控件，除此之外，还可添加导航类控件。目前市场上自定义的导航栏设计也比较常见。导航栏的基本功能是在应用程序的不同页面中进行导航，并提供对当前页面进行操管理作的控件。

一个导航栏可以只是居中显示当前页面的名称，如图6-80。在一个App的起始页面中，由于这个时候用户还没有导航到其他的页面，因此导航栏应该只显示起始页面的名称。

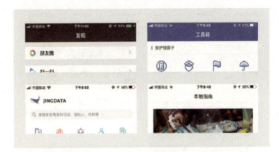

△ 图6-80 只有页面名称的导航栏

当用户导航到其他的页面上时，导航栏的名称就应相应地变为新的页面名称（目前也有不标注页面名称的设计方式），并且提供一个以之前位置名称命名的后退按钮或者仅使用一个没有名称的后退按钮图形，如图6-81。

△ 图6-81 添加了后退按钮的导航栏

导航栏还可在页面名称的右方显示第二个按钮。如果不需要一个后退按钮（因为有的应用程序并不支持层级式的导航），可以在页面名称的左边也显示功能型按钮，如图6-82。

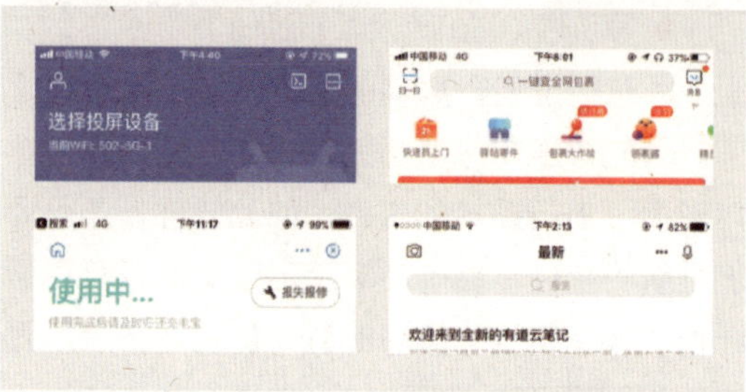

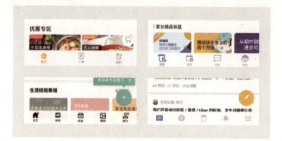

图6-82 放置了不同功能按钮的导航栏

导航栏目前还有与选项卡/搜索栏等其他控件自定义组合使用的，选项卡导航栏用来进行同类型页面之间的快速跳转切换，如图6-83。

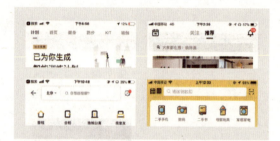

图6-83 带有选项卡与搜索栏的导航栏

当把iPhone OS设备由竖向改为横向放置时，导航栏的高度会被自动改变（不能通过编程语言指定高度）。在横向放置时，更窄的导航栏为页面内容提供了更多的显示空间。在为导航栏设计图标和为页面设计布局时，一定要注意横屏和竖屏的高度变化。可以对导航栏指定颜色和透明度，所有这些都可以用程序来完成。要尽量使状态栏和其他功能栏的外观保持一致，这样的应用看起来更加完整统一。

● 标签栏（Tab Bars）

当应用程序的某一个页面中需要出现多个子功能时，需要使用标签栏。标签栏出现在屏幕的底部边缘，如图6-84。

标签栏让用户能够在应用程序中的不同模式或视图中切换，并且用户应该可以在应用程序的任何位置进入这些模式中。然而，标签栏绝对不应该被当作工具栏使用。标签栏的高度通常为98px，iPhone X中为248px，如图6-85。

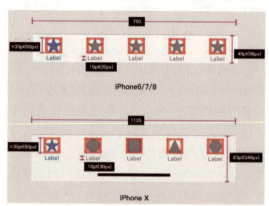

图6-84 屏幕底部的标签栏

图6-85 标签栏的尺寸

所有标签栏中显示图标和文字的标签都是相同的宽度并且拥有两种状态。标签栏图标尺寸共有以下几种，如图6-86。

标签栏图标尺寸

造型	正常标签栏	紧凑标签栏
圆形	50 x 50px (25pt x 25pt @2x)	36 x 36px (18pt x 18pt @2x)
	75 x 75px (25pt x 25pt @3x)	54 x 54px (18pt x 18pt @3x)
方形	46 x 46px (23pt x 23pt @2x)	51 x 51px (17pt x 17pt @2x)
	69 x 69px (23pt x 23pt @3x)	36 x 36px (17pt x 17pt @3x)
扁形	62px (31pt @2x)	46px (23pt @2x)
	93px (31pt @3x)	69px (23pt @3x)
长形	56px (28pt @2x)	40px (20pt @2x)
	84px (28pt @3x)	60px (20pt @3x)

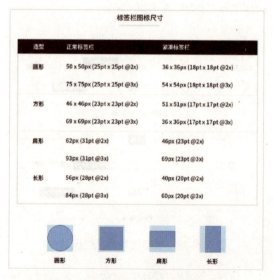

图6-86 标签栏中不同形状图标的尺寸

● 工具栏（Tool Bars）

如果应用程序允许用户对当前的页面进行

一系列的操作,那么最好是为用户提供一个工具栏。工具栏出现于屏幕的最下方,提供可以对当前页面对象进行的操作。工具栏不应当用于转换程序的各种模式。

举例来说,当用户在邮件系统中阅读一条消息时,应用程序就会提供一个工具栏,里面包含了一系列按钮,用于删除、回复和移动该消息,还有查看新邮件和撰写新消息等。通过这种方式,用户可以一直停留在消息查看页面,与此同时进行和管理邮件相关的操作,如图6-87。

△ 图6-87　页面中的工具栏

工具栏提供了和当前任务相关的操作和按钮,在滑动时可以收起。工具栏同标签栏一样,都位于底部,但是高度略窄,它的高度是88px。

工具栏中的按钮以均匀方式水平分布。对工具栏中的按钮数目进行限制可以使用户更容易点击到他们需要的按钮。推荐的界面元素点击域大小为44px×44px,因此少于或等于五个的工具栏按钮是合理的。图6-88显示了一个工具栏中合理分布按钮的例子。

△ 图6-88　工具栏示例

可以为工具栏上的按钮设计特有的图标,也可以利用iOS系统中已经定义好了的按钮。

如果选择创建自定义的工具栏按钮,要使它们的大小保持一致以形成外观上的平衡和美观。工具栏的颜色和透明度是可以根据外观来调整的。设计时,应尽量保持工具栏的外观和应用程序其他栏的一致性。

正面了解完界面上的控件,再从侧面进行观察,界面设计是有纵深层次的,谁在上面,谁在下面,需要事先定义好,以便指导光和阴影的使用,如图6-89。

△ 图6-89　界面设计的层次

通过了解相关规范,在下面的设计过程中,要遵循这些控件的规范,并用这些规范来让开发变得更加便捷。下面开始进行界面设计案例的讲解。

(1)创建画板

① 根据之前讲解的Sketch功能,使用快捷键加快设计稿的设计效率。使用快捷键A,新建画板(宽750px,高1334px),勾选背景颜色(Background Color)项,设置颜色为#FFFFFF,如图6-90。

△ 图6-90　设置界面颜色

② 界面在竖屏使用时，左右临近手机边缘的区域不建议放任何操作，应留出一定的边距（Margin）。对此没有明确严格的规定，但是一般的 App 会留出不等的边距，以防用户在屏幕边缘点击不便。

使用快捷功能键Control+R调出标尺工具，将鼠标悬停在X轴方向的度量区域内，根据显示的距离，设定画板左右边距为32px，将画面内容限定在标尺标注的安全区范围内，如图6-91。

③ 在导航栏上，根据业务需求显示具体的导航内容，这里的选项卡内容为推送的记录日期，文字大小及颜色需要考虑选中状态及未选中状态两种情况。其中，选中状态字号（Size）为32px，字色（Color）为#222F3E，字重（Weight）为Blod，行高（Line）为32px，如图6-93；未选中状态字号（Size）为24px，字色（Color）为#999999，字重（Weight）为Regular，行高（Line）为24px。

△ 图6-91 设定界面边距

△ 图6-93 设定字体

（2）设置状态栏及导航栏样式

① 选择合适的状态栏，确定状态栏的高度为44px。这里选择黑色文字、白色底色的状态栏，这样可以让界面更加简单干净，同时也使界面更加统一。

② 在导航栏的位置，我们要使用品牌Logo来加深用户对产品的品牌印象，将Logo缩小至合适的尺寸，放置在规定的尺寸里，限制区域为宽120px，高60px，区域内Logo的具体大小可自行调整，如图6-92。

④ 在选中状态的内容下方，使用快捷键A创建一个宽120px、高20px的矩形条，颜色设定为#4C83E6，文字居中，距离文字20px，完成的效果如图6-94。

△ 图6-94 完成状态栏与导航栏设计

（3）创建文章展示图片及类型标签

① 使用快捷键A，创建出一个宽高比例为2：1的矩形。这里设置其实际尺寸为宽686px、高343px。该矩形用来填充文章的封面图片，如图6-95。

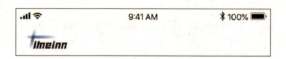

△ 图6-92 状态栏与导航栏的设计

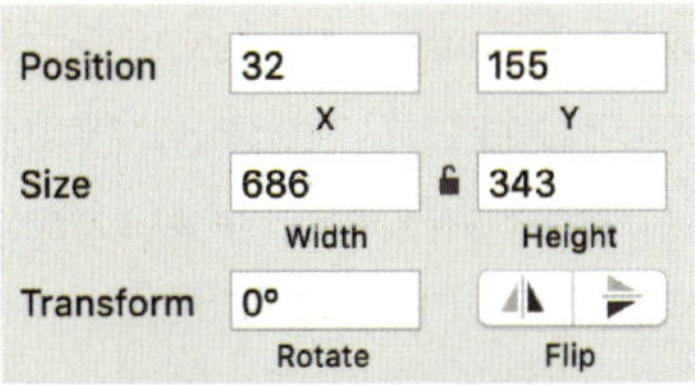

▲ 图6-95 创建矩形

② 点击Fills选项，为该矩形设置填充的图片，从左起选择第五项的填充图片，需要注意的是选定封面图片时尽量选择高质量的、符合实际业务的图片，有助于表现出更接近实际产出的产品，如图6-96。

▲ 图6-96 填充图片

③ 调整图片位置，选中图片，使用对齐工具自动居中对齐当前画板，配合使用Option快捷键查看其与导航栏的距离，距离应为28px，如图6-97。

▲ 图6-97 填充后的效果

④ 使用快捷键A，创建出一个宽140px、高50px的矩形，该矩形将作为承载文章类型的类型标签，如图6-98。

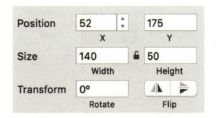

▲ 图6-98 制作矩形

⑤ 点击Fills项，设置该矩形为填充纯色形式，颜色色值为#3A73E2，设置图层混合方式（Blending）为Normal，此处的颜色可与后边6.2.8推送板块的各个类型颜色一致，最后给予30%的不透明度（Opactiy）设置，如图6-99。

▲ 图6-99 设置颜色

⑥ 使用快捷键T，创建文字内容"产品"，设置字号（Size）为24px，字重（Weight）为Smibold，行高（Line）为24px，同时使用对齐工具，使文字与刚才创建的矩形标签垂直水平居中，如图6-100、图6-101。

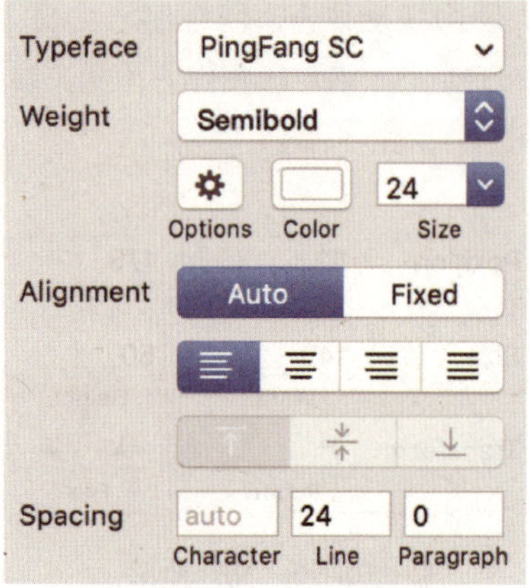

▲ 图6-100 文字设置

▲ 图6-101 完成的文字效果

⑦ 使用Command+G来使矩形与文字成组，配合Option快捷键调整标签位置，按住Option，并使鼠标悬停在要测量距离的文章图片上，调整其距卡片左边20px，距上边20px。最终效果如图6-102。

（4）创建文章标题、描述及评论内容

① 使用快捷键T，创建出文章标题，设置字号（Size）为36px，字重（Weight）为Semibold，行高（Line）为36px，标题文字颜色（Color）为#222F3E，如图6-103。

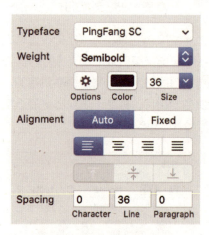

▲ 图6-103 设置文字

② 调整文章标题位置，应与图片左对齐。配合Option快捷键测量，使其距画板最左边32px，距图片32px，如图6-104。

▲ 图6-102 将文字放置在卡片上

▲ 图6-104 设置好的文字

③ 使用快捷键T，创建文章的描述文字，设置字号（Size）为24px，字重（Weight）为Light，行高（Line）为40px，颜色（Color）为#596471。设置文字的排列方式（Alignment）为Fixed，让文字可以随着设定的宽度变化单行或多行显示，同时设置该快捷内容的固定宽度为686px，高度为88px，如图6-105。

⑤ 使用快捷键T，创建评论文字，设置字号（Size）为24px，字重（Weight）为Semibold，字色（Color）为#4C83E6，行高（Line）为24px，最后设置文字的排列方式（Alignment）为Auto，如图6-107。

△ 图6-107　设置文字

△ 图6-105　设置文字

⑥ 调整评论文字位置，配合Option快捷键，使其距画板左边32px，距标题文字24px，效果如图6-108。

④ 调整文字的位置，配合Option快捷键，使其距画板左边32px，距离上边标题文字16px，效果如图6-106。

△ 图6-108　完成的文字效果

△ 图6-106　放置文字

⑦ 选中以上创建的内容，使用快捷键 Command+G 将文章图片及内容打包成群组，使用 Command+C 复制该群组，使用 Command+V 粘贴该群组。

⑧ 调整两个群组之间的上下距离为 36px，修改复制过去的群组图片及文字内容，完成该步骤，最终效果如图 6-109。

△ 图 6-109　页面中的文字效果

（5）设置 Tab 栏

底部 Tab 栏可以使用苹果提供的现有控件库中的 3 个选项的 Tab Bars 栏，直接在 Sketch 的 Symbol 中进行修改，也可以自行绘制。其实 Tab 栏最主要的是图标设计，图标设计应符合产品品牌特性，且具有选中和未选中状态，简单直观地告诉用户所在的位置是哪里。

① 这里我们简单讲解一下自定义的 Tab 栏设计过程，使用快捷键 A，创建宽 750px，高 98px 的矩形，调整位置与画板底部对齐。

② 新建矩形，创建 3 个宽 180px，高 98px 的矩形，无须设置颜色样式，只用来承载图标及功能描述内容，调整位置使其与 Tab 低栏底部对齐。

③ 图标设计限定区域尺寸为宽 40px，高 40px。选中状态的图标样式为面形式，图标的颜色应与主题色一致，即颜色为 #4c83e6。

④ 将设计好的图标放到宽 180px，高 98px 的矩形中，与矩形居中对齐，使用 Option 快捷键，调整图标到距离矩形顶部 16px 的位置。

⑤ 使用快捷键 T，创建出该图标名称，内容为"我的订阅"，设置字体大小（Size）为 16px，颜色（Color）为 #4c83e6，字重（Weight）为 Semibold，行高（Line）为 16px，如图 6-110。

△ 图 6-110　文字设置

⑥ 调整创建完的内容，与宽 180px，高 98px 的矩形居中对齐，使用 Option 快捷键，调整图标到距离矩形底部 18px 的位置。

⑦ 点击 Command+G 将步骤⑥的内容打包为一个群组。

⑧ Tab 栏的设计应包含选中及未选中两种状态。在这个环节，我们将"猜你喜欢"与"设置"选项未选中的状态也一同设计出来，其中未选中的样式为线性图标，线条颜色为 #222F3E，字体颜色（Color）也是

#222F3E，字重（Weight）为Regular，行高（Line）为16px，如图6-111。

△ 图6-111　设置文字

⑨ 在完成3个Tab选项的制作后，我们将其排列在宽750px、高98px的矩形中，水平对齐，然后配合Option快捷键，调整它们之间的距离。这里我们以左右两边的选项距离画板边缘32px为基准，那么它们之间的固定距离就是73px，如图6-112。

△ 图6-112　在Tab栏中放置图标

⑩ 最后我们给Tab栏设置一个阴影效果，使Tab栏层级与其他信息层级区分开来。点击Shadows项，阴影的参数设置为X=0，Y=2，Blur=4，Spread=0，阴影颜色设置为10%透明度的#000000，如图6-113。

主界面——我的订阅最终效果如图6-114。

本环节最重要的就是细节，标题的字号大小、字体色彩、行间距、每一条的间隔、图片的大小比例等，构成了信息内容给用户的视觉感受。这就需要反复在手机上测试其效果，我们可以使用Sketch的另一款协助制作产品的移动端工具——Sketch Mirror来实现在手机端实时查看设计稿。从App Store下载该工具后，具体教程可查看网上的攻略，不断地在手

△ 图6-113　设置阴影效果

△ 图6-114　我的订阅页面最终效果

机上反复测试高保真的视觉稿，直到最好为止。把效果评测放在设计阶段，而不是程序开发阶段，能够大大降低开发成本。

6.2.5 猜你喜欢页设计过程

（1）创建画板

① 根据之前讲解的Sketch功能，可以通过使用快捷键加快设计稿的设计效率。使用快捷键A，新建画板，宽750px，高1334px，勾选背景颜色项，设置颜色为#FFFFFF。

② 使用快捷功能键Control+R，显示标尺工具，拉出左右安全区辅助线，辅助线距画板左右边距32px，使画面内容限定在辅助线以内的安全区范围内。

（2）设置状态栏及导航栏的样式

① 在当前页面使用透明底色加黑色内容形式的状态栏，宽度750px，高度40px，使用对齐工具使状态栏与画板顶部对齐。

② 使用快捷键A，创建一个无填充颜色的透明形式导航栏，宽度750px，高度88px，调整位置与状态栏底部对齐。

③ 将品牌Logo放置在导航栏的正中央，Logo大小尺寸为宽度120px，高度60px。

（3）创建文章卡片及高斯模糊背景

① 使用快捷键A，创建一个用来承载文章图片及内容的矩形，宽686px，高960px，并设置圆角（Radius）为10px，如图6-115。

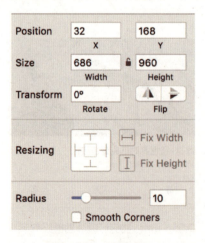

图6-115 设置矩形

② 选中创建的矩形，点击Fills项，从左起选择第五项的填充图片，图片应选择较高质量、较符合文章内容的竖版主题图片，这样可以让展示内容更加符合实际体验的场景，如图6-116。

图6-116 填充图片

③ 为了提升悬浮在图片卡片上的文字的易阅读性，使文章描述等文字内容可以更清楚、更易辨识地被查看，需要为图片再添加一层渐变样式。继续选中已经添加了图片的矩形，点击Fills项最右侧的加号，添加一层新的填充样式，如图6-117。

图6-117 增加填充样式

④ 添加的渐变方向由上至下垂直于整个矩形卡片，如图6-118。

图6-118 添加渐变效果

⑤ 调整填充的渐变颜色样式，由下至上为100%透明度的#222F3E到0%透明度的#000000，如图6-119。

排列方式（Alignment）为Fixed，对齐方式为左对齐，如图6-121。

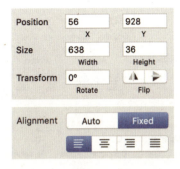

△ 图6-121　设置文字位置与对齐

⑨ 设置标题字号（Size）为36px，字重（Weight）为Semibold，行高（Line）为36px，设置字色为#FFFFFF，如图6-122。

△ 图6-119　设置渐变效果

△ 图6-122　设置文字

⑥ 使用快捷键A，创建一个用来承载文章类型的标签，可参考前文6.2.4的类型标签制作方式，尺寸大小同样为宽140px，高50px，填充颜色为#07A7B4。

⑦ 使用Command+G来使矩形与文字成组，配合Option快捷键调整标签位置，按住Option配合鼠标悬停在要测量距离的文章图片上，调整距卡片左边24px，距上边32px，如图6-120。

⑩ 使用快捷键T，添加文章的描述内容。设置描述内容的显示尺寸为宽638px，高24px，文字排列方式（Alignment）为Fixed，对齐方式为左对齐，如图6-123。

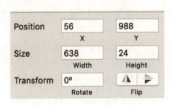

△ 图6-123　设置文字位置

△ 图6-120　放置文字

⑪ 设置描述内容的字号（Size）为24px，字重（Weight）为Light，行高（Line）为24px，设置字色为#FFFFFF，如图6-124。

⑧ 使用快捷键T，添加文章的标题内容。设置标题的显示尺寸宽638px，高36px。文字

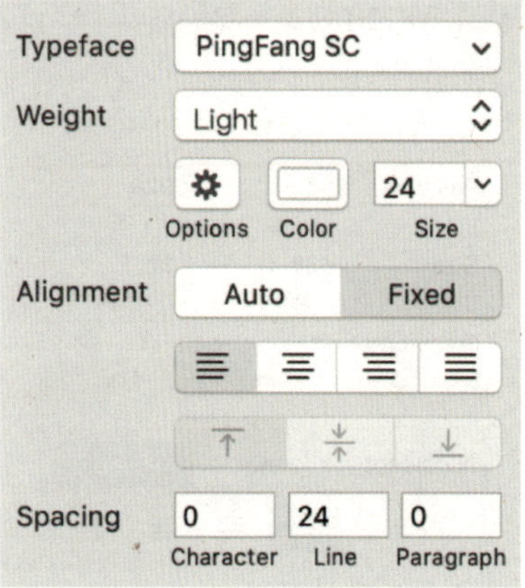

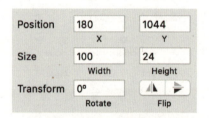

◇ 图6-124 设置文字

⑫ 使用快捷键T，分别添加阅读人数、评论人数内容，描述内容显示尺寸为宽100px，高24px。文字排列方式（Alignment）为Fixed，对齐方式为左对齐，如图6-125。

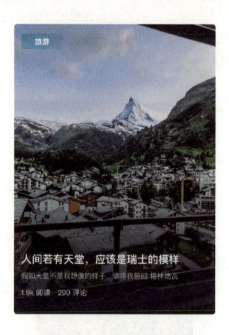

◇ 图6-126 设置好的文字效果

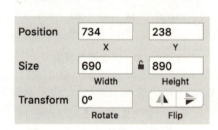

◇ 图6-125 设置文字位置

⑬ 设置描述内容的字号（Size）为24px，字重（Weight）为Light，行高（Line）为24px，设置字色为#FFFFFF。

⑭ 调整上述三种内容——标题、描述内容、阅读评论信息的间距，使用Option测量距离，阅读评论信息距矩形的底部60px，描述内容距离阅读评论信息32px，标题距描述内容24px。三种内容距矩形左边24px。最终效果图如图6-126。

⑮ 点击Command+C将上述承载图片的矩形复制，点击Command+V粘贴两份到当前页面，分别放置在左右两侧，调整尺寸为宽690px，高890px，如图6-127。

⑯ 选择两张其他的风景图片作为矩形的填充内容。填充方式参考上文。使用Option快捷键测量、调整其与中心矩形大图的距离，设置

◇ 图6-127 设置矩形位置

该距离为16px，同时与中心的矩形大图底部对齐。

（4）创建高斯模糊背景

① 点击Command+C复制中心展示的矩形，点击Command+V粘贴矩形到当前页面，使用快捷键Control+Option+Command+向下键调整矩形到画板层级的最下层。为该图片添加一个高斯模糊属性，数值为14px，如图6-128、图6-129。

◇ 图6-128 设置高斯模糊

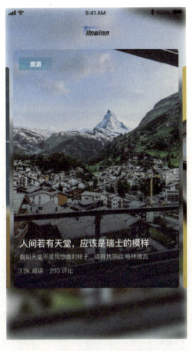

◆ 图6-129 设置高斯模糊后的效果

◆ 图6-131 设置填充渐变

② 设置高斯模糊之后图片的不透明度（Opactiy）为80%，如图6-130。

④ 调整填充的渐变颜色样式，由上至下为0%透明度的#FFFFFF到100%透明度的#FFFFFF，如图6-132。

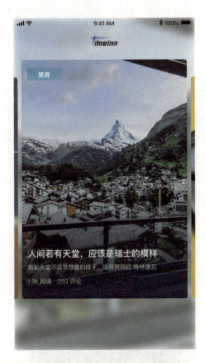

◆ 图6-130 改变透明度之后的效果

◆ 图6-132 设置渐变颜色

③ 点击Fills选项，为矩形添加渐变样式，渐变角度为由上至下垂直于矩形，如图6-131。

⑤ 设置该样式是为了使图片更自然地融合到背景中，同属于底部的标签栏不会形成太强烈的对比，如图6-133。

◐ 图6-133 设置完渐变的效果

（5）创建轮播数字下标样式

① 使用快捷键O，创建一个圆形图形，尺寸为宽16px，高16px。

② 选中圆形，设置Fills项，填充的颜色需要注意，选中状态样式为#4C83E6，未选中状态样式为#DDDDDD，如图6-134、图6-135。

◐ 图6-134 设置选中状态颜色

◐ 图6-135 设置未选中状态颜色

③ 复制并粘贴8份圆形，使用快捷键Option调整圆形之间的间距，间距设置为16px，如图6-136。

◐ 图6-136 设置圆形图标

④ 将这些圆形Command+G打包成组，居中对齐画板，使用Option调整位置，使其距图片42px，如图6-137。

◐ 图6-137 将圆形图标放置在图片下方

（6）设置Tab栏

我们继续使用3个选项的Tab栏，将最中间的一项更改为选中状态，图标也跟随变化为选中状态的样式。当前页面最终设计效果如图6-138。

● 图6-138 设置Tab栏

6.2.6 设置页设计过程

设置页面通常会采用列表布局的形式，以便最高效地展示可设置项。由于该产品简洁易用的特性，设置页面设置内容较少，所以该页面设计流程也较简单。

（1）创建画板

创建画板步骤基本与前几节一致，可参考前文内容。

① 使用快捷键A，创建画板，宽750px，高1334px。

② 勾选Background Color选项，填充颜色为#FFFFFF。

③ 使用标尺，规定出安全区域，左右安全边距为32px。

（2）设置状态栏及导航栏样式

① 选用黑色文字、白色底色的状态栏，宽度750px，高度为40px，状态栏与画板顶部对齐，如图6-139、图6-140。

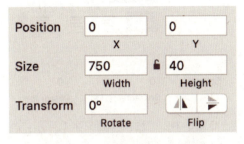

● 图6-139 设置状态栏文字位置

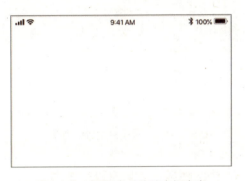

● 图6-140 设置完成的状态栏文字

② 选用白色底色的导航栏，宽度为750px，高度为88px，调整其位置与状态栏底部对齐，如图6-141。

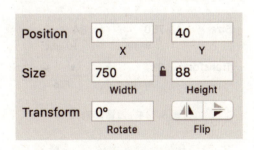

● 图6-141 设置导航栏文字（一）

③ 设置导航栏标题字号为32px，内容为"设置"，水平居中对齐导航栏，标题字重（Weight）为Semibold，如图6-142、图6-143。

▲ 图6-142　设置导航栏文字（二）

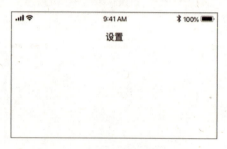

▲ 图6-143　导航栏完成的效果

（3）创建图标 + 文字的列表样式

① 使用快捷键A，绘制出单行列表矩形，宽度750px，高度84px，如图6-144。

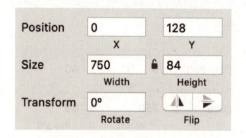

▲ 图6-144　设置矩形

② 点击Fills选项，为该区域填充颜色#FFFFFF。

③ 使用快捷键A，创建一个承载icon的区域，宽度为40px，高度为40px。使用Option快捷键，调整该区域位置，与单行列表矩形水平居中，距画板左边32px，如图6-145。

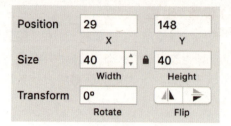

▲ 图6-145　设置icon区域

④ 绘制功能"推送设置"的图标，注意这里依然使用线条形式的图标，线条颜色为#222F3E。

⑤ 使用快捷键T，创建列表文字，设置字体颜色（Color）为#222F3E，字重（Weigt）为Semibold，字号（Size）为28px，文字内容为"推送设置"，如图6-146。

▲ 图6-146　设置文字

⑥ 使用快捷键L，创建一根宽690px、高1px的线，使用对齐工具先使其与画板居中对齐，填充颜色为#DDDDDD，用作分割列表内不同功能的分割线。然后手动调整该线，使其与列表项底部对齐，如图6-147。

⑦ 绘制一个宽11px、高20px的区域，用来放置下一级指向型的图标。图标为线性图标，线条宽度为1px，填充颜色为#C8C8C8。使用Option快捷键，调整图标位置，与宽750px、高80px的矩形水平居中对齐，距画板右边32px。最终单个列表选项样式如图6-148，整行为可点击区域。

◎ 图 6-147　设置分割线

◎ 图 6-148　放置好图标的列表样式

⑧ 按照以上的步骤完成剩余的"关于我们""我的收藏""我的足迹"三个选项，如图 6-149。

◎ 图 6-149　完成的列表样式

（4）设置 Tab 栏

我们继续使用三个选项的 Tab 栏，将最中间的一项更改为选中状态，图标也随之变为

选中状态的样式。当前页面最终设计效果如图 6-150。

◎ 图 6-150　完成的设置页效果

6.2.7　文章详情页设计过程

该页面作为二级页面，承载了文章的重要详情内容，主要的设计过程要注重如何设计出舒适的阅读体验，以及快捷易用的收藏、分享、评论功能。

（1）创建画板

创建画板步骤基本与前几节一致，可以参考前文内容。

① 使用快捷键 A，创建画板，宽 750px，高 1334px。

② 勾选 Background Color 选项，填充颜色为 #FFFFFF。

③ 使用标尺，规定出安全区域，左右安全边距为 32px。

（2）设置状态栏及导航栏的样式

① 选用黑色文字、白色底色的状态栏，宽度为 750px，高度为 40px，状态栏与画板顶部对齐。

② 选用白色底色的导航栏，宽度为750px，高度为88px，调整位置与状态栏底部对齐，如图6-151。

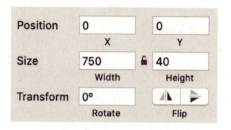

图6-151 设置导航栏

③ 设置导航栏左侧返回按钮，按钮样式由向左图标+"返回"文字组成。其中向左图标设计尺寸为宽15px，高27px，采用线性图标，颜色为#222F3E；"返回"文字颜色（Color）为#222F3E，字号（Size）为28px，字重（Weight）为Semibold，行高（Line）28px。使用对齐工具将两个元素与宽750px、高40px的矩形水平居中对齐，再配合Option快捷键调整左右间距，其中图标距画板左边20px，"返回"文字距图标12px，如图6-152、图6-153。

图6-152 设置文字

图6-153 设置"返回"文字与按钮

④ 使用快捷键A，创建两个宽40px、高40px的矩形，不填充颜色，用来承载收藏、分享按钮。

⑤ 绘制"收藏""分享"图标，图标样式应为线性，填充颜色为#222F3E，绘制完成后将图标放置在宽40px、高40px的矩形中，水平垂直居中对齐。

⑥ 使用Option快捷键调整两个图标的位置，选中两个图标，使用对齐工具使其与导航栏居中对齐，调整图标按钮距画板右边32px，收藏图标距分享图标40px，完成效果图如图6-154。

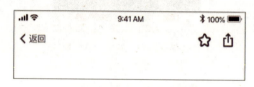

图6-154 设置完成的导航栏

（3）设置文章详情文字及图片样式

① 使用快捷键T，创建标题文字，内容为"人间若有天堂，应该是瑞士的模样"，文字字号（Size）36px，字重（Weight）36px，字色（Color）#222F3E，行高（Line）36px，如图6-155。

图6-155 设置文字

② 使用快捷Option调整标题位置，距画板左边32px，距导航栏32px，如图6-156。

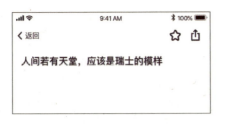

◐ 图6-156 文字放置的位置

③ 使用快捷T，创建出一段多行的内容，内容自定，也可参考下方内容，设置字色（Color）为#222F3E，字重（Weight）为Light，行高（Line）为42px，设置排列方式（Alignment）为Fixed，文字内容左对齐，如图6-157。

◐ 图6-157 设置文字

④ 使用快捷键Option调整文字位置，距标题36px，距左右两边32px（也可设置文字内容区域大小为宽686px），如图6-158。

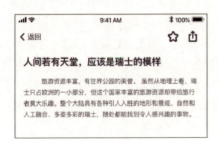

◐ 图6-158 放置文字

⑤ 使用快捷键A，创建出宽686px、高343px的矩形，设置圆角（Raduis）为8px。填充图片到这个矩形中。使用快捷键Option调整图片位置，距画板左右两边32px，距段落文字40px，如图6-159、图6-160。

◐ 图6-159 设置矩形圆角半径

◐ 图6-160 填充图片到矩形中，放置在画板中

⑥ 继续补充详情内容，如图6-161。

◐ 图6-161 继续放置内容

（4）创建评论工具栏

① 使用快捷键A，创建一个宽750px、高88px的工具栏，调整其位置，使其与画板底部对齐，如图6-162。

△ 图6-162　底部绘制评论区域

② 使用快捷键A，创建出一个承载图标的矩形，宽40px，高40px，不填充颜色。同时使用快捷键T，创建出评论数量文字，字号（Size）28px，字重（Weight）为Semibold，行高（Line）为24px，颜色（Color）为#4C83E6。使用Option快捷键调整位置，使图标、文字与工具栏水平对齐，图标距画板左侧32px，文字距图标8px，如图6-163、图6-164。

△ 图6-164　放置图标与文字

③ 使用快捷键A，创建一个评论输入框，尺寸为宽579px，高48px，填充颜色（Color）为#EEEEEE，圆角（Raduis）为4px。使用Option快捷键调整位置，与工具栏水平对齐，距评论数字12px，距画板右边32px。

④ 使用快捷键T，创建未输入内容时的默认文字，内容为"我也来评论一条"，字号为（Size）24px，字重（Weight）为Regular，颜色（Color）为#999999。调整其位置，与输入框水平对齐，距左侧20px。

⑤ 最后，给工具栏矩形添加一层阴影效果，阴影颜色（Color）为#000000，透明度为15%，X=0，Y=0，Blur=4，最终效果如图6-165、图6-166。

△ 图6-163　设置文字

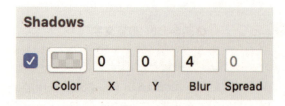

△ 图6-165　设置阴影

▲ 图6-166　评论栏的效果

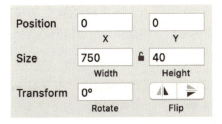

▲ 图6-167　设置状态栏位置与尺寸

6.2.8　推送设置页面设计过程

推送设置页面用来设置推送频率、推送时间、推送风格、推送板块内容，所以这个页面内容会比较多，但很多的样式基本与之前几节的一致，可以根据自己感觉来调整或参考前几节。

（1）创建画板

创建画板步骤基本与前几节一致，可以参考前文内容。

① 使用快捷键A，创建画板，宽750px，高1334px。

② 勾选Background Color选项，填充颜色为#FFFFFF。

③ 使用标尺，规定出安全区域，左右安全边距为32px。

（2）设置状态栏及导航栏样式

① 选用黑色文字，白色底色的状态栏，宽度为750px，高度为40px，状态栏与画板顶部对齐，如图6-167。

② 设置导航栏左侧返回按钮，按钮样式由向左图标+"返回"文字组成。具体设置方法可参考6.2.7的内容，这里不再赘述。

③ 设置导航栏标题字号为32px，内容为"推送设置"，水平居中对齐，标题字重（Weight）为Semibold，如图6-168。

▲ 图6-168　设置文字

④ 设置导航栏右侧保存按钮，按钮样式为文字形式，文字颜色（Color）为#4C83E6，字重（Weight）为Regular，字号（Size）为28px，行高（Line）为28px，如图6-169。

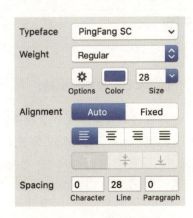

▲ 图6-169　设置文字

⑤ 使用Option快捷键调整文字按钮位置，与导航栏水平居中，距画板右侧32px，如图6-170。

◊ 图6-170 状态栏和导航栏效果

（3）创建设置频率功能列表

① 使用快捷键A，创建一个列表区域，尺寸为宽750px，高200px，用来承载频率设置板块的内容。

② 设置频率功能选项，使用快捷键A，创建一个宽30px、高30px的矩形，用来承载图标。将绘制好的图标放置在该矩形中，注意图标样式可以继续使用线性风格，且颜色与之前一致，但可以在图标上加一些品牌色的点缀。

③ 使用Option快捷键进行调整，使刚才创建的承载图标的矩形距画板左边32px，距导航栏24px。

④ 使用快捷键T创建文字内容"频率"，字体大小（Size）为28px，行高（Line）为28px，颜色为#222F3E。调整其位置距图标16px，与图标水平居中对齐。

⑤ 设置"每天"选项，与"频率"图标的内容基本对称布局，字体大小（Size）为28px，颜色（Color）为#666666，如图6-171。

◊ 图6-171 设置列表标题

⑥ 使用快捷键A创建一个承载日期的矩形，大小为宽80px，高80px。填充颜色为#FAFAFA。设置圆角（Radius）为4px，调整其位置，距画板左边32px，距图标内容32px。

⑦ 使用快捷键T，创建文字内容"周一"，字号（Size）为24px，字色（Color）为#999999，行高（Line）为24px。使用快捷键Option调整文字内容位置，与承载日期的矩形垂直水平居中对齐。这里要注意给该选项设计两种状态。

⑧ 创建7个相同的矩形内容，横项排列，间距为21px。更改其内容为周一到周日。频率设置项最终完成效果如图6-172。

◊ 图6-172 完成的设置项设计

（4）创建时间设置、风格列表

创建时间设置、风格列表，该设置布局方法与6.2.6的设置页面的布局一致，可以用来参考，如图6-173。

◊ 图6-173 完成其他设置项

（5）设置推送板块卡片样式及布局

① 创建板块设置选项，与前边设置方式一致，且字体、间距等都一致，如图6-174。

🔻 图6-174　版块设置设计

② 使用快捷键A创建一个矩形，宽为333px，高为200px，圆角（Radius）为10px，设置Borders项，颜色为#EEEEEE，线宽2px。

③ 使用快捷键T，创建文字内容"添加推送板块"，可以在文字内容前加一个添加样式的图标，增加引导性。文字内容颜色（Color）为#CCCCCC，字重（Weight）为Semibold，字号（Size）为28px，行高为（Line）28px，如图6-175。

🔻 图6-176　添加矩形框

⑥ 设置板块标题"社会热点"，文字大小（Size）为32px，字重（Weight）为Semibold，字色（Color）为#FFFFFF。使用Option调整其位置，距卡片左边24px，距上边30px，如图6-177。

🔻 图6-177　绘制矩形，放置文字

⑦ 设置小标题应为文字"Hot Spot"，文字大小（Size）为24px，字重（Weight）为Light，字色为#FFFFFF。使用Option调整其位置，与大标题左对齐，距大标题16px，如图6-178。

🔻 图6-175　文字设置

④ 将文字内容与线性矩形水平垂直居中对齐。使用Option快捷键调整群组矩形与文字内容的位置，距画板左边32px，距上边的板块图标32px，如图6-176。

⑤ 使用快捷键A创建与刚才线性矩形相同大小的矩形，填充渐变，渐变方向由矩形左侧到右侧，颜色由#F9C947到#F5C98F。

🔻 图6-178　增加英文

⑧ 添加一个大小为宽24px、高24px的删除功能的图标，距离卡片右边24px，上边30px，如图6-179。

◐ 图6-179　增加删除图标

⑨ 添加一个大小为宽80px、高80px的区域，承载关于该卡片的意向图标，为该图标设置不透明度50%。调整其位置，距卡片底部30px，距卡片右边24px，如图6-180。

◐ 图6-180　增加图标

⑩ 将以上创建好的板块卡片群组打包，使用Option调整其位置，距添加卡片的内容20px，并与其居中对齐，如图6-181。

◐ 图6-181　矩形摆放的位置

⑪ 使用相同的方式创建出其他几个板块内容，上下间距为20px，如图6-182。

◐ 图6-182　放置多个板块

⑫ 调整一下整体的间距跟板块布局，最终效果如图6-183。

◐ 图6-183　完成的推送设置页面

最后，我们把本章中完成的主要界面排列在一起进行最终的细节调整，也需要把每个页面放到真实的手机屏幕上测试，很多细节的地方都可以再多沉淀及仔细思考，看看会不会有更好的解决方案。另外，以上用软件设计实现页面的方式也并不唯一，可以多尝试多练习，如图6-184。

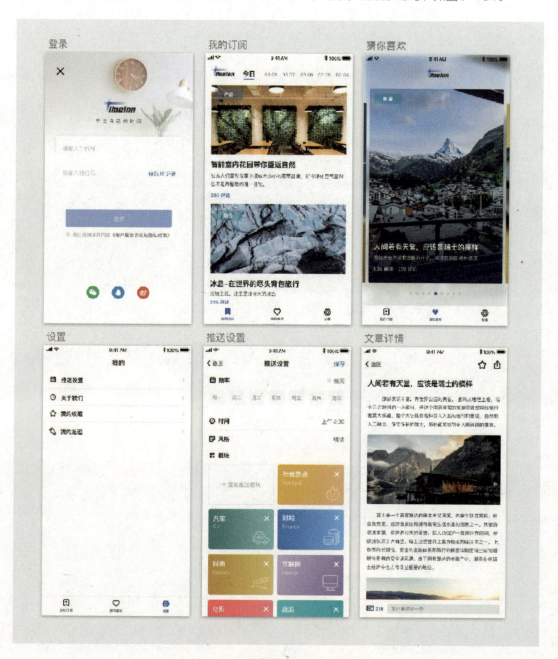

△ 图6-184 本章完成的设计图总览

第8章
交互界面原型
设计案例
150

参考文献
166

第 7 章
界面原型制作与
测试方法
124

PART 2
第 2 部分

原型制作与测试

第7章 界面原型制作与测试方法

原型（prototype）在交互设计中是非常重要的概念。它是一个设计概念变成真正的产品之前的重要过程。原型的意义在于可以将模糊的设计概念可视化，并可以操作。有了原型，设计师和用户就可以有所依据地进行设计的测试、评估与修正。交互设计中原型的作用类似于工业设计中的草模型，只不过交互设计中的原型包含着使用流程、交互方式等。

在交互界面设计流程中，原型分为低保真原型（Low-Fi prototype）及高保真原型（Hi-Fi prototype）两种。低保真原型出现在设计流程的早期，一般用纸绘制或者用图片拼贴而成。这种原型的特点是把设计概念和界面流程迅速、直观地表达出来，在操作原型的过程中可以反复修改。高保真原型则是在交互界面设计的晚期，界面的流程、框架以及视觉设计都已经完成，此时可以用软件制作出与最终界面高度接近的界面模型。这样的原型可以真实地展示出最终设计的面貌，也可以提供给用户进行更加深入的测试。

7.1 低保真原型制作与测试

在交互界面设计过程中，低保真原型有着不可替代的作用。它类似于工业设计中的草图以及草模型，是设计早期对设计进行研讨以及测试的工具。低保真模型的优点包括：

- 快速且低成本地获得反馈；
- 在多种可能中对比试验；
- 轻松修改或者放弃设计。

缺点包括：

- 与最终界面的视觉效果相差较远；
- 难以模拟交互过程，尤其是动态转化等；
- 会让用户有些迷惑。

低保真模型往往用纸制作，既快速，也方便修改。有时也会用到即时贴、透明塑料纸、胶带等其他工具，如图7-1。

△ 图7-1 低保真纸模型

7.1.1 制作低保真纸模型的技巧

制作纸模型一定要利用好手边的一切材料，尽量模拟出界面使用时的状态，并保证能够让团队中的其他人员以及用户看明白。常用的制作技巧如下。

① 使用手绘或者打印稿。手绘当然是最快捷的方式，但如果有一些基础的界面能够使用计算机绘图并打印出来也是很好的选择。对此可根据实际情况来进行选择。图7-2中纸模型的地图界面使用了互联网上的图片，既能够比较真实地表现界面，也能够提高制作的效率。

△ 图7-2 纸模型中的打印稿

② 尽量模拟真实的使用界面。如果是基于互联网的设计，可以绘制一个浏览器界面作为底图；如果是移动设备的界面设计，不妨制作一个简单的产品模型作为界面的载体，如图7-3。

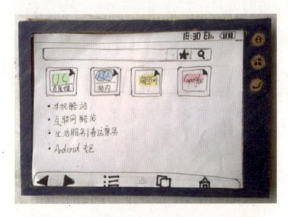

△ 图7-3 制作简单的移动设备模型作为载体

③ 在制作低保真纸模型过程中，不必拘泥于实际界面的大小，也不必过分在意界面中按钮或者文字的大小，这些都可以适当做大一些，以便于操作与讨论。

④ 使用一些透明纸可以让纸模型更加灵活，如图7-4。

△ 图7-4 使用透明硫酸纸制作下拉菜单

⑤ 制作一些控件，可以重复使用。例如下拉菜单、选择框等，如图7-5。

△ 图7-5 制作控件

⑥ 纸模型的顺序不要弄乱，以免在测试时找不到某个界面，可以用夹子或者信封将其整理好，也可以在每个单独的纸片上标示数字，如图7-6。

△ 图7-6　整理好的纸模型

△ 图7-7　设计师进行认知预演

7.1.2　使用纸模型进行测试

原型测试是交互界面设计过程中反复出现的流程。交互界面系统包含信息结构与流程，比较复杂，如果不经过测试，很难发现问题并加以改进。低保真纸模型的制作很大程度上也是为了进行测试。原型测试可以分为三种，分别是认知预演、启发式评估以及用户测试。

（1）认知预演

认知预演（又叫认知过程走查法，Cognitive Walkthroughs）是由Wharton等（1990年）提出的，一般由设计师自己完成。这一过程出现在设计初期，设计师可以使用纸模型进行认知预演。该方法首先要定义目标用户、代表性的测试任务、每个任务正确的行动顺序、用户界面，然后进行行动预演，并不断地提出问题，包括用户能否达到任务目的，用户能否获得有效的行动计划，用户能否采用适当的操作步骤，用户能否根据系统的反馈信息评价是否完成任务。最后，进行评论，诸如要达到什么效果，某个行动是否有效，某个行动是否恰当，某个状况是否良好。该方法的优点在于能够使用任何低保真原型，包括纸原型。该方法的缺点在于，评价人不是真实的用户，不能很好地代表用户，如图7-7所示。

（2）启发式评估

启发式评估（Heuristic Evaluation）由Nielsen和Molich（1990年）提出，由多位评价人（通常4～6人）根据可用性原则反复浏览系统各个界面，独立评估系统，允许各位评价人在独立完成评估之后讨论各自的发现，共同找出可用性问题。该方法的优点在于专家决断比较快、使用资源少，能够提供综合评价，评价机动性好，但是也存在不足之处：一是会受到专家的主观影响；二是没有规定任务，会造成专家评估结论的不一致；三是评价后期阶段由于评价人的原因造成可信度降低；四是专家评估与用户的期待存在差距，所发现的问题仅能代表专家的意思。

（3）用户测试

User Test就是让用户真正地使用界面系统，由实验人员对实验过程进行观察、记录和测量。这种方法可以准确地反馈用户的使用表现、反映用户的需求，是一种非常有效的方法。用户测试可分为实验室测试和现场测试。实验室测试是在可用性测试实验室里进行的，而现场测试是由可用性测试人员到用户的实际使用现场进行观察和测试。用户测试之后，评估人员需要汇编和总结测试中获得的数据，例如完成时间的平均值、中间值、范围和标准偏差，用户成功完成任务的百分比，对于单个交互，用户做出各种不同倾向性选择的直方图表示等。然后对数据进行分析，并根据问题的严重程度和紧急程度排序，撰写最终测试报告。

使用纸模型进行评估往往是前两种方式，

即认知预演与启发式评估，由设计师和专家操作纸模型进行测试与评估。用户测试这一方法往往使用在高保真原型的测试过程中，因为用户对于真实界面的感觉更加准确，使用低保真的纸模型时往往有些疑惑。

纸模型测试只需要一张桌子就可以进行，测试团队往往需要三个人，这三个人的角色分别为"计算机或者移动设备"的模拟者、主持人以及观察者，而模拟用户的人员一般坐在桌子对面，对纸模型进行操作。

操作过程中，主持人会提供给用户任务以及一些提示，并鼓励用户把自己的问题和感受大声地说出来，作为评估的依据。

模拟计算机的人会根据用户的操作把一个个纸模型界面放到用户面前，让用户感觉到好像是一个界面在自动地变换。

而观察者主要的任务是记录。记录用户使用原型过程中的感受、出错现象、提出的问题等。必要时，观察者可以使用录像设备进行录像，以便测试结束后反复观看。

低保真原型即纸模型的制作与测试，就是为了在设计初期能有一个界面的概貌。界面中到底需要多少个页面？页面中应当有什么内容？实现某一功能至少需要几个步骤？这些问题都可以通过制作纸模型来解决。制作纸模型的过程实际上就是设计细化的过程，一个测试没有问题的纸模型原型可以保证最终的界面不会有原则性的错误产生。

纸模型制作与完善后，就可以进行下一步的视觉设计，视觉设计应当完全按照纸模型提供的页面来进行。完成视觉设计后的文档就可以输出至软件，进行高保真原型的制作了。

7.2 高保真原型制作利器——Adobe Experience Design讲解

制作可以操作的高保真界面原型是交互设计中非常重要的一个阶段，而如何制作高保真交互原型一直是界面交互设计师的重要工作之一。目前市场上提供的制作原型的软件与平台非常丰富，比较流行的有功能强大的老牌软件Axure、以动效设计著称的Flinto，以及整合了原型功能的设计软件Sketch等。当然也有交互界面原型直接使用代码编写的，或者使用影片或者动画来展示其设计理念。在这样的市场背景之下，国际设计软件巨头Adobe发布了Adobe Experience Design（简称XD），是一个由Adobe Systems开发并发布的用户体验设计软件。它可以将设计师制作的精细效果图转化为可以操作的交互原型，提供了矢量图形设计和网页线框设计的功能，并有简单的用户交互模板。随之上线的是大量的界面设计素材，例如模板或者设计标准。Adobe XD的应用大大提高了交互设计整个流程的效率，虽然在功能上并没有特别强大之处，但是却可以很好地融合在Adobe的整个设计软件系统中。XD目前还处在不断更新的阶段，在本节中，将会把这一原型制作软件的使用思路与方法进行讲解。

7.2.1 Adobe Experience Design基础讲解

XD有三个基本功能，分别是设计、创建原型与共享，对应着交互界面设计师的工作流程。设计师可以通过设计和创建原型的功能完成应用程序以及网页的交互流程模拟。在设计中，设计师可以在XD的画板上进行简单快速的设计，一般不太复杂的商业应用基本可以用其进行视觉搭建；如果设计方案比较复杂，也可以将Photoshop、Illustrator等制作的文件导入XD中，然后在XD中对其进行原型创建，形成高保真的原型。

7.2.2 在Adobe XD中进行设计

（1）新建Adobe XD项目的两种方式

打开Adobe XD后，在"开始"界面可以看到两种新建项目的方式，分别为创建预设大小画板以及打开"最近"文件。首先需要选择预设大小。启动Adobe XD后显示"开始"屏幕，预设有三种形式，分别对应市面上最常见的三种原型尺寸：iPhone、iPad以及网页，可以在此根据设计目标选择预设大小；也可以选择自定义大小，在下面的"W"和"H"处输入自定义的宽度和高度（图7-8）。

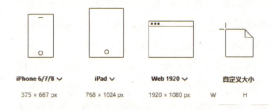

△ 图7-8 创建指定大小的文件

从最近文件打开。如果设计师有近期设计中的文件，可以从"最近"中打开以往项目（图7-9）。

△ 图7-9 从"最近"中打开以往项目

（2）XD的画板

XD的操作界面布局与Sketch等界面设计软件类似，采用多屏幕画板排列的方式，与传统的Photoshop等软件有较大的差异。进入项目后，设计活动在画板上完成。画板即代表移动应用程序或网站的屏幕。一般来说，每一个设计项目都会包含多个画板，完成设计后，需在"原型"模式下对画板中的页面以及对象进行交互链接。

在XD中新建画板的方式也非常简单，直接点击新建按钮，然后在空白处放置画板就可以了。对画板进行设置主要有三种方式，分别是直接操作画板，用鼠标右击画板名称在面板菜单中进行操作，或者在"图层"面板中进行操作。单击画板名称或单击"图层"中的画板名称即可选中画板，拖动该画板并使用出现在边缘上的圆形手柄即可调整画板大小。在默认情况下，画板以顺序编号为预设命名，双击画板标题并输入新的名称可为画板重命名；也可以在"图层"面板中对画板重命名。对于一个界面设计项目来说，画板的数量一般都会超过几十个，因此建议每次新建画板时都要命名，不要使用默认的名字。

按住键盘上的Option/Alt键将鼠标放在画板名称处拖动到任意处，即可复制原画板，这种方法可以较为灵活地将画板复制到指定位置；在画板名称处右击鼠标，选择"复制"，画板会保持一定距离自动排列在被复制画板右侧；或者在"图层"中右击目标画板的名称，选择"复制"，在画板外的灰色区域右击鼠标选择"粘贴"，画板也会保持一定距离地自动排列在被复制画板右侧。如果想删除画板，在选中后，按键盘上的Delete键，或打开面板菜单选择"删除"，或在"图层"面板中选择要删除的画板，右键单击选择"删除"。画板在选中状态下被拖至新的位置，即可调整画板的顺序。在"属性检查器"中的"对齐和分布"中进行设置，可以改变画板的对齐和分布情况。如需在滚动时固定某些元素的位置，可以在右侧"属性检查器"中选择"滚动时固定位置"，这个功能非常适合浮窗、返回主页以及页脚等。

创建可滚动的画板：在App界面设计中，会经常设计超出屏幕高度的滚动屏幕。如需制作可以滚动的长图，可以在预设大小的画板中，通过拖动圆形手柄，加长画板长度来完成设计，而画板上的虚线则表示滚动内容的起始位置（图7-10）。如果是在自定义大小的画板中，首先选择画板，然后在右侧"属性检查器"的"滚动"部分中选择"垂直"即可（图7-11）。

视窗高度表示滚动前的画面高度，移动虚线头可以更改视窗高度。如需取消滚动功能，在右侧"属性检查器"的"滚动"中选择"无"即可。

▲ 图7-10 调整滚动内容的起始位置

▲ 图7-11 设置网格模式

（3）XD的设计模块

XD的设计模块功能不算强大，但是基本的视觉元素的设计都可以完成。因此，设计师在项目中，可以选择直接在XD中进行设计，也可以将Photoshop、Illustrator中设计好的文件导入到XD中进行操作。

1）直接在XD中进行设计

在XD中设计创建的图形类似于Illustrator中创建的，属于矢量图形，主要利用绘图工具进行设计，同时也可以使用文字工具添加文本。必要时，可以将Photoshop中处理好的图像导入XD。

① 绘图工具

绘图工具中包括选择工具、矩形工具、椭圆工具、线条工具和钢笔工具，可用于快速绘制简单的图标和图形，这些工具均可以在工具栏中选择使用（图7-12）。

▲ 图7-12 工具栏

选择工具可以选定对象，以便对其进行编辑。

矩形工具可以绘制矩形和方形。首先在工具栏中选择矩形工具 ▢，然后向对角线方向拖动直至矩形达到所需大小以绘制矩形。按住Shift键的同时向对角线方向拖动直至所需大小，可以绘制方形。如要绘制一个圆角矩形，可以先绘制一个矩形，然后向矩形中心方向拖动半径编辑手柄（图7-13）。

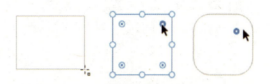

▲ 图7-13 绘制矩形和圆角矩形

通过拖动半径编辑器可以手动调整圆角半径；如需准确设置圆角矩形，可以在"属性检查器"进行设置，圆角设置分为同时调整所有角的半径和仅调整单个角的半径。同时调整所有角的半径：直接拖动圆角手柄即可，或在"属性检查器"中选择 ▢，然后输入改变后的半径值（图7-14）；仅调整单个角的半径：按住Option/Alt键，拖动圆角手柄，或在"属性检查器"中选择 ▢，然后分别输入每一个圆角的半径值（图7-15）。

▲ 图7-14 同时调整所有角的半径

▲ 图7-15 仅调整单个角的半径

椭圆工具可用于绘制椭圆和圆。首先在工具栏中选择椭圆工具 ○，然后向对角线方向拖动直至椭圆达到所需大小。按住Shift键的同时向对角线方向拖动直至所需大小，可以绘制圆。

按住Shift并拖动鼠标可以调整圆的大小（图7-16）。

▲ 图7-16　绘制椭圆并调整大小

线条工具可用于绘制线条。首先在工具栏中选择直线工具，确定位置后点击鼠标，然后拖动到目标位置即可；按住Shift键可以绘制水平、竖直以及45°角的线段。

▲ 图7-17　绘制椭圆线条并进行调整

钢笔工具可用于绘制矢量图形。XD中的钢笔工具类似于PS和AI中的钢笔工具。

绘制直线。首先选择工具栏中的钢笔工具，确定位置后点击鼠标，在目标位置再次点击鼠标，即可在两个锚点之间建立起一条线段，按住Shift键可以将线段的角度限制为45°的倍数，继续单击，可以绘制折线，若首尾相接则形成封闭路径，按Esc键可以使路径保持打开状态。使用钢笔工具在线段上点击，即可以为直线添加更多的锚点（图7-18）。

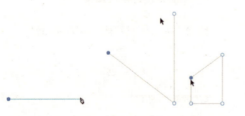

▲ 图7-18　用钢笔工具绘制线条和图形

绘制曲线。首先选择工具栏中的钢笔工具，确定位置后点击并按住鼠标，拖动已经形成的曲线，在目标位置再次点击鼠标，即可完成曲线绘制，可以多次点击鼠标，增加曲线上的锚点，以更精确地确定曲线形状，若首尾相接则形成封闭路径，按Esc键可以使路径保持打开状态。使用钢笔工具在曲线上点击，即可以为曲线添加更多的锚点。值得注意的是，曲线上锚点过多可能会造成不必要的突起（图7-19）。

▲ 图7-19　用钢笔工具绘制曲线

若想针对已有线段或曲线继续进行绘制，需使线段或曲线处于选中状态下，然后用钢笔工具点击两端锚段中所需的一个，继续绘制即可。使用选择工具，单击对象选择整体，双击对象即可选择对象锚点，按住Shift的同时进行选择，可以选择多个锚点；通过鼠标拖动可以调整锚点位置，也可以在"属性检查器"中对锚点的坐标（x，y）进行编辑；如需删除锚点，选择锚点后按Delete键即可。

② 测量距离

应用XD的测量距离功能可以更精确地对各对象进行设计。这对于交互界面设计师来说是非常重要的。

测量对象到画板边缘的距离。单击对象并按Option/Alt键，可以测量已选对象与画板之间的距离或与其他周围对象之间的距离（图7-20）。如果所选对象并非规则方形，测量距离会显示其边界的测量值。

▲ 图7-20　测量对象到画板边缘的距离

测量对象与画板中其他对象的距离。单击对象并按Option/Alt键，然后将鼠标悬停在其他对象上，即会显示这两个对象边界之间的距离测量值。（图7-21）

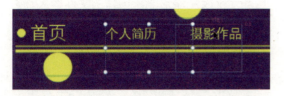

○ 图7-21 测量对象与画板中其他对象的距离

③ 文本工具

使用文本工具创建一段文字主要有两种方法，分别是从某个点开始创建以及在某个区域内创建。

从某个点开始创建文本。首先在工具栏中选择"文本"工具 T，单击文字开始的位置，然后输入文本，在键盘上按 Esc 可以完成文本编辑，按Return键可以转到下一行。这种方式非常适用于在图稿中输入少量文本的情形（图7-22）。单击文本并拖动手柄即可调整文字大小，但是此方式仅适用于点文本（图7-23）。

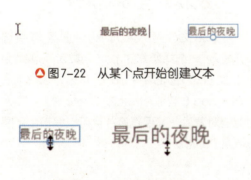

○ 图7-22 从某个点开始创建文本

○ 图7-23 改变文字大小

在区域中输入文本。首先在工具栏中选择"文本"工具，在画布上的合适位置单击并拖动一个矩形以定义文本区域，然后在该区域内键入文本即可。在区域内对文本进行编辑时，文本区域的边界对文本起到限制作用，当文本触及边界时，会自动换行。这种方式非常适合为宣传手册等创建一个或多个段落（图7-24）。

○ 图7-24 在区域内输入文本

在"属性检查器"中可以对点文本和区域文本进行切换。在"点文本"和"区域文本"选项之间切换即可（图7-25）。

○ 图7-25 在点文本和区域文本之间切换

文本工具中的拼写检查：从"编辑"菜单中，选择"打开拼写检查"。拼写检查功能仅适用于文本容器中的错误文本。拼写错误的词带红色下划线，自动更正的词带蓝色下划线，语法错误以绿色下划线突出显示。右键单击拼写错误的词，可从建议的列表中选择准确的拼写。要将自动更正的拼写恢复为最初输入的词，可按Mac OS上的Cmd+Z和Windows系统上的Ctrl+Z。

除了在XD中之间创建文本外，还以将本地的文本文件导入XD中，主要有三种方式：直接将文本文件拖到画板上、利用重复网格排布在画板上以及将文本复制并粘贴到画板上。将文本文件拖到画板上，即直接将纯文本文件拖到画板上，加入的文本会以创建区域文本的方式存在；可以利用重复网格，使导入的文本文件更快捷、准确地存在于画板中，在这种方式中，文本文件在导入XD之前应设置好换行符，然后直接将文件拖动到画板上即可；也可以将已有文本的内容复制下来，然后粘贴在XD中的文本工具中。

对文本进行编辑：在右侧的"属性检查器"中可对文本进行编辑，指定文本的类型、字体大小和文本对齐方式，为文字添加下划线；还可以对文本中的单个单词或字符的格式进行单独设置（图7-26）。

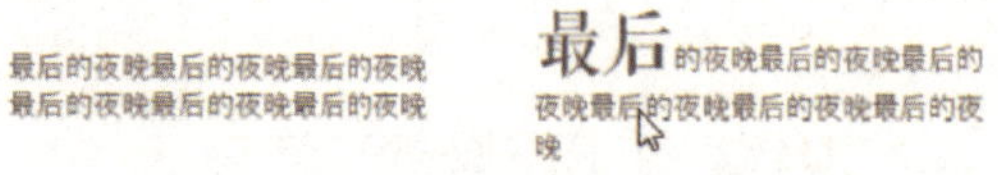

◆ 图7-26 对文本中的对象进行单独设置

通过"属性检查器"还可以改变文本中文字的字符间距（图7-27）、行间距（图7-28）以及段落间距（图7-29）。

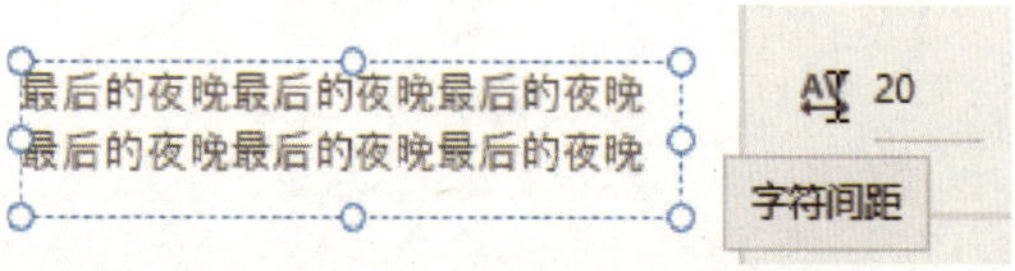

◆ 图7-27 对文本的字符间距进行设置

◆ 图7-28 对文本的行间距进行设置

◆ 图7-29 对文本的段落间距进行设置

在XD中，可以通过简单的数学运算（如 +、-、/、*）创建更加精确的设计，更加精确地移动对象，或改变对象的宽度和高度。这在"属性检查器"的数值框中即可实现，但值得注意的是，数值框中只能接受一次运算（图7-30）。

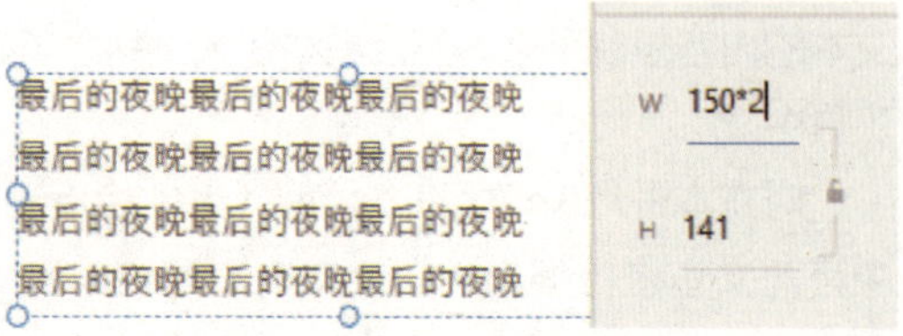

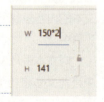

◆ 图7-30 数学计算

2）将来自Photoshop、Illustrator以及Sketch等的文件导入XD

Adobe的文件具有良好的兼容性，在XD中进行设计时，可以将已有的Photoshop、Illustrator以及Sketch等制作的文件导入。主要有三种方式，分别是在XD中打开、导入以及从已有的Photoshop、Illustrator以及Sketch等软件中复制。

在XD中打开文件。从汉堡菜单 ≡ 中选择"打开"。选择所需的.psd（或.ai、.sketch等）文件，在XD中打开它（图7-31）；在Mac上，可以将Photoshop制作的文件拖放到XD图标上，在XD中打开文件；或右键单击Photoshop（或Illustrator、Sketch等）制作的文件，从上下文菜单中选择"打开方式" > "XD"。

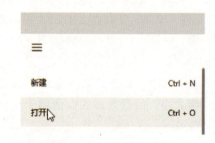

◆ 图7-31 在XD中打开文件

将.psd文件导入XD。从汉堡菜单中选择"导入"，选择所需的.psd（或.ai、.sketch等）文件，在XD中打开它（图7-32）。从Photoshop（或Illustrator、Sketch等）导入的智能对象具有高保真度并且可以编辑，且图层得到了保留。

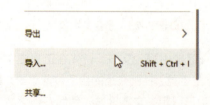

◆ 图7-32 在XD中导入文件

其他。在Photoshop中，将要复制的位图或文本图层选中，或者先将矢量图层转换为智能对象再复制内容，然后将其粘贴到XD中，则该图层会被粘贴为位图；在Photoshop中右击形状图层或矢量图层，单击"复制SVG"，可以导入SVG文件。在Sketch中，先将要复制的位图或文本图层选中，接着单击"制作可导出内容"，选择 SVG 格式，然后将该图层从Sketch拖到XD中，即可将可编辑的矢量内容导入到XD中。

同样，通过以上方法，也可以将本地文件夹、浏览器、系统剪贴板以及JPG、SVG、PNG或GIF等格式文件导入XD中。

（4）改进设计中的对象

1）选择对象、调整对象的大小和旋转对象

选择对象：使用菜单栏中的选择工具 ▶，单击对象或对象组。选中后，即可根据需要对所选对象或其中一部分进行编辑。选择没有填充的项目时，需要单击其边框。需要选择多个对象时，使用快捷键按住Shift键并单击所有对象，或者使用选择工具在对象周围绘制选框。双击对象或使用Cmd +单击/Ctrl +单击，可选择组中的对象。

调整对象：选择对象或对象组，拖动圆形手柄即可调整对象或对象组的大小（图7-33）。调整大小时，在"属性检查器"中单击锁定图标即可锁定对象的宽高比（图7-34）。将鼠标悬停在圆形手柄上，将光标移动到手柄外部，即可看到旋转光标，然后朝所需方向拖动手柄即可旋转对象（图7-35）。按快捷键Shift键可以使对象按照45°角的倍数进行旋转。

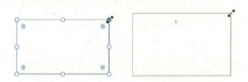

🔺 图7-33 使用选择工具调整对象大小

🔺 图7-34 锁定对象宽高比

🔺 图7-35 使用选择工具旋转对象

2）使用布尔运算组合对象和使用形状遮盖对象

使用布尔运算组合对象：使用布尔运算可以将简单的形状进行组合以创建复合形状。运用"属性检查器"对要组合的形状进行调整。分别有四种组合方式：合并（Ctrl+Alt+U）（图7-36）、减去（Ctrl+Alt+S）（图7-37）、相交（Ctrl+Alt+I）（图7-38）以及排除重叠（Ctrl+Alt+X）（图7-39）。

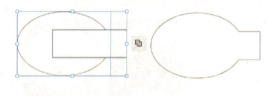

🔺 图7-36 合并

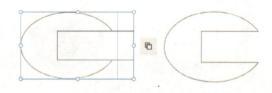

🔺 图7-37 减去

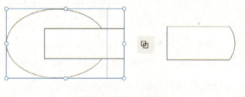

🔺 图7-38 相交

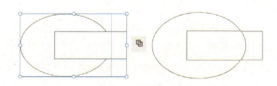

🔺 图7-39 排除重叠

遮盖对象：使用蒙版工具可以遮盖住对象的部分区域，以重新设计对象边缘形状。值得注意的是，蒙版的使用并不会使遮盖的区域被删除，只是起到突出显示对象的另一部分的作用。蒙版可以进行再调整以改变遮挡区域。在一个矢量对象遮盖另一个矢量对象时，顶层对象充当蒙版。使用蒙版时，首先绘制一个充当蒙版的形状，将其放在目标对象上面，表示该对象保留蒙版形状的图像。然后，选择图像和蒙版：在Mac上，使用选择工具同时按住Shift并单击或框选将图像和蒙版形状一同选择；在Windows上，使用选择工具同时按住Ctrl并单击或框选将图像和蒙版形状一同选择。最后，设置蒙版：在Mac上，选择"对象">"带有形状的蒙版"；在Windows上，右键单击并从上下文菜单中选择带有形状的蒙版（图7-40）。

△ 图7-40　使用蒙版遮盖图像

要从蒙版中释放被遮盖对象，在Mac中，按住Ctrl并单击该对象，然后从上下文菜单中选择"取消蒙版编组"；在Windows上，右键单击，然后从上下文菜单中选择"取消蒙版编组"（键盘快捷键Shift + Cmd/Ctrl+G）。

3）锁定/解锁、复制、翻转对象以及为其编组

锁定和解锁对象：锁定对象可防止对象被选择和编辑。在Mac上，选择"对象"并单击"对象">"锁定"，或者右键单击对象，然后从上下文菜单中选择"锁定"即可；在Windows上，右键单击对象，然后从上下文菜单中选择"锁定"可锁定对象。当一个对象处于锁定状态时，选择它会出现锁定图标。选择被锁定对象并单击锁定图标即可解锁，在Mac上，也可以单击"对象">"解锁"，或者使用图层面板中的锁定/解锁选项进行操作。

复制对象：首先选择所要复制的对象，可以一个或多个，在Mac上，按住Option键，并拖动对象即可实现复制，也可以通过单击"编辑">"复制"实现复制；在Windows上，按住Alt键并拖动所选对象即可实现复制（键盘快捷键，复制Ctrl/Cmd+C，粘贴Ctrl/Cmd+V）。粘贴时，对象会被放置在与原始对象相同的位置。利用快捷键复制粘贴对象可以高效地在多个画板之间复制主页、页眉或页脚等元素。对象的样式也可进行复制，并通过粘贴将其赋予其他对象上，右键单击（在Windows上）或按住Ctrl键单击（在Mac上）另一个对象，然后选择"粘贴外观"，即可仅复制粘贴对象格式。

翻转对象：使对象翻转可以实现更精确、快捷的设计，同时还可以切换垂直翻转和水平翻转，并且在预览模式、移动设备和网页上均可查看翻转对象。使用翻转时需注意：画板、重复网格和符号不支持翻转，但可以通过翻转画板中的全部内容以实现上述对象的翻转；对于图像的翻转应用，可翻转蒙版也可翻转图像本身；翻转对象的位置不会发生改变；翻转是以对象的中心点为中心，围绕轴进行翻转；翻转不会影响阴影；如果某个对象经过了旋转，则经过旋转的对象将会围绕旋转后的轴翻转，而非原始对象的轴；同时对多个对象进行翻转将被作为一组对象的翻转。在"属性检查器"可以选择"垂直翻转"或"水平翻转"（图7-41）。

△ 图7-41　水平翻转和垂直翻转

编组：编组工具可以将多个对象进行编组，以方便共同处理。同时移动或变换一组对象，而不会影响组内各对象的属性及相对位置。编组可以取消。多个组可以形成嵌套组。具体操作方法是，首先，选择要编组的对象，或要取消编组的对象组；然后，在 Mac 上，从主菜单中选择"对象">"编组或对象">"取消编组"，或从上下文菜单中选择编组或取消编组；在 Windows 上，选择要分组或取消编组的对象，右键单击从上下文菜单中选择编组或取消编组。

选择组中的对象：使用选择工具，单击对象选择组整体，双击对象即可选择组中对象，按住 Shift 的同时进行选择，可以选择多个组内对象。或者，按住 Cmd/Ctrl 键并单击，也可以选择组中的对象。

4）移动、对齐、分布和排列对象

移动对象：移动对象有三种方式，分别是直接用鼠标拖动对象、使用键盘上的箭头键以实现上下左右的移动以及通过在"属性检查器"中输入数值来移动。最后一种方式可以实现精确移动，在这种方式中也可用到上述的数学计算。按住键盘上的 Shift 键，可以实现多个对象的移动。操作中可以使用对齐面板，根据对象之间的相对位置来进行定位。

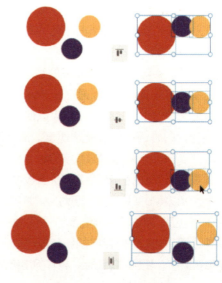

△ 图 7-42　水平方向对齐

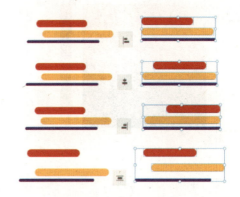

△ 图 7-43　垂直方向对齐

> **说明**
> 按住 Shift 键的同时使用键盘上的箭头键，可将移动距离增加 10px。

对齐和分布对象：在右侧的"属性编辑器"中应用"对齐"面板，使选定对象分别沿水平（图 7-42）或垂直（图 7-43）方向实现以下各种不同的对齐：顶对齐（Shift+Ctrl+向上键）、居中对齐（Shift+Ctrl+M）、底对齐（Shift+Ctrl+向下键）、水平分布（Shift+Ctrl+H）、左对齐（Shift+Ctrl+向左键）、中心对齐（Shift+Ctrl+C）、右对齐（Shift+Ctrl+向右键）和垂直分布（Shift+Ctrl+V）。

排列对象：在 XD 中，一般而言，产生层叠关系的对象是依次堆积的，如果想对对象进行排列，除了在"图层"面板中进行排列和移动外，也可自行进行调整。在 Mac 上，选择相应的对象，然后根据需要作出指令："对象">"排列">"置为顶层"，将目标对象置于所有对象的顶部；"对象">"排列">"前移一层"，将目标对象移至其上方紧邻的对象的顶部；"对象">"排列">"后移一层"，将目标对象移至其下方紧邻的对象的底部，"对象">"排列">"置为底层"，将目标对象移动到所有对象的底部；也可按住键盘上的 Ctrl 键并单击目标对象，然后在上下文菜单中进行相应的选择。在 Windows 上，右键单击目标对象，然后选择上下文菜单中进行相应的选择。

5）设置对象的填充、描边和投影

填充：首先选择将要填充颜色的对象，然后单击右侧属性编辑器中的"填充"，在出现的拾色器（图7-44）中选择要填充的颜色。若已知填充颜色的准确值，可以通过HSBA、RGB或十六进制数值来选择颜色；也可以使用滑块调整颜色，同时还可以调整透明度。滑动时，HSBA、RGB和十六进制的数字值也会相应地进行调整；还可以使用滴管工具从画板中吸取颜色；也可以将渐变填充应用于对象。将所选颜色保存为色板，单击拾色器底部的"+"图标即可实现（图7-45）。保存好的新色板可以通过拖动重新排序。若想删除色板，将其拖出拾色器即可。

创建和修改渐变：在XD中添加渐变效果，除了可以为平面作品的色彩效果添彩外，同时还可以用来制造光影效果。XD的渐变分为线性渐变和径向渐变。线性渐变的渐变呈直线，从起点渐变到终点；径向渐变是以圆形图案为起点，渐变到终点。创建渐变时，首先要选择目标对象，然后在右侧"属性检查器"中单击"填充"。在拾色器顶部"纯色"的下拉列表中选择线性渐变或径向渐变，进入渐变拾色器（图7-46）中，对应在画板上有相应的渐变编辑器，可预览渐变效果。渐变拾色器与纯色拾色器相似，也可以通过上述方式选定颜色、调节透明度以及添加色板。较之纯色拾色器，渐变拾色器多了渐变编辑器，默认情况下有两个色标，可以调节起点和终点的颜色。单击渐变编辑器也可添加更多色标，沿渐变编辑器拖动色标可以改变色标的位置，应用快捷键"箭头键"和"Shift+箭头键"可以移动画布上的渐变编辑器线段的末端，使用键盘上的Tab键可以在色标之间进行切换，将色标从渐变编辑器

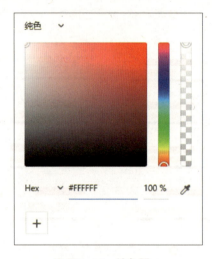

图7-44 拾色器

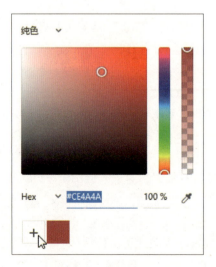

图7-45 添加色板

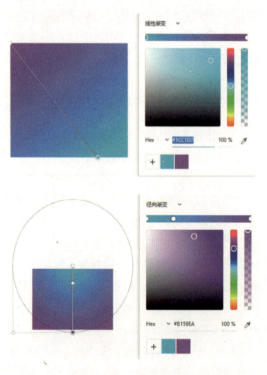

图7-46 线性渐变拾色器和径向渐变拾色器

中拖出可以移除色标。通过画布上的渐变编辑器可更改渐变方向，渐变编辑器线段的端点可以拖动到对象边界之外；拖动手柄可更改径向渐变的起点和角度。

> **说明**
> 渐变编辑器两端的色标不可移动。

渐变创建后，可以被保存在"资源"面板中以便重复使用。选择将要保存的渐变对象，然后单击"资源"面板中"颜色"右侧的"+"图标将其保存（图7-47）。

△ 图7-47 将渐变保存在"资源"面板中

描边：选择要添加边框的对象，勾选右侧"属性编辑器"中"边框"左侧的复选框。确定为对象添加边框后，可以在弹出的编辑板中对边框进行相关编辑，可以精确更改描边宽度；可以将对象设置为虚线描边并为其更改间隙；可以指定端点，将其设置为平头、圆头或方头，指定连接方式，将其设置为斜接、圆角和斜面以及内部描边或外部描边（图7-48）。值得说明的是，对象描边的设置不会更改对象的实际大小。

△ 图7-48 边框笔触样式的相关设置

更改边框颜色：首先选择将要描边的对象，然后单击右侧属性编辑器中的"边界"，接着如同填充部分颜色的选择、调整、吸取、渐变、保存排序、删除一样，进行相关操作即可完成颜色更改。

创建投影：选择要创建阴影的对象，勾选右侧"属性编辑器"中"阴影"左侧的复选框即可。确定为对象创建阴影后，可以在弹出的编辑板中对阴影进行相关编辑。X偏移和Y偏移：指定投影从对象处偏离的距离；B模糊：指定到要进行模糊处理的阴影边缘的距离（图7-49）。

更改投影颜色：首先选择将要创建投影的对象，然后单击右侧属性编辑器中的"阴影"，接着如同填充部分颜色的选择、调整、吸取、渐变、保存排序、删除一样，进行相关操作即可完成颜色更改。

△ 图7-49 阴影的相关设置

选择目标对象，单击"属性检查器"中的"边框""填充"或"阴影"旁边的复选框，即可删除对象的描边、填充、阴影。如果要恢复，再次单击复选框即可。

6）使用响应式调整大小和约束

响应式调整大小可以自动预测设计师应用的约束，并在对象被调整大小后自动应用这些约束。默认情况下，响应式调整大小处于关闭状态，在设计模式下选择画板，然后在"属性检查器"中的"响应式调整大小"选择"启用/禁用约束"切换按钮，可以打开或关闭响应式调整大小。打开后，还可以选择自动和手动，自动即XD自动使用约束来调整画板大小，而手动则是通过设置在"属性检查器"中可用的约束条件来调整画板大小，包括固定/可变宽度、固定/可变高度、固定/可变左边距、固定/可变右边距、固定/可变上边距、固定/可变下边距（图7-50）。

▲ 图7-50 手动约束调整大小

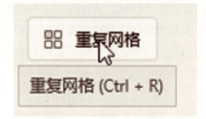

▲ 图7-53 "重复网格"按钮

7）创建和管理插件

选择"插件">"开发">"创建插件",进行插件创建。要查看和安装插件,选择"插件">"发现插件"。"搜索"功能可以搜索可供安装的插件列表,要安装其中任一项插件,在"插件管理器"内,选择插件并点击"安装"即可（图7-51），若已经下载了.xdx插件文件,双击即可安装;要卸载其中任一项插件,在"插件管理器"内,选择已安装插件旁的省略号,然后单击"卸载"即可（图7-52）。

▲ 图7-51 查看和安装插件

▲ 图7-52 卸载插件

▲ 图7-54 创建重复网格的目标对象

8）创建重复元素

使用"重复网格"功能可以更加便利地对重复元素进行布局,基于已有对象创建网格,而无须手动复制即可完成重复的布局构建。

创建重复网格:首先设计要重复的基本元素,选择要重复的对象或对象组,然后单击右侧"属性检查器"中的"重复网格"（键盘快捷键Cmd/Ctrl+R）（图7-53）。目标对象边界将显示句柄（图7-54）。

在重复网格中垂直创建元素,拖动元素底部的句柄即可（图7-55）;在重复网格中水

▲ 图7-55 垂直重复网格

平创建元素，拖动元素右侧的句柄即可（图7-56）。双击网格即可选择要编辑的元素，单击右侧"属性检查器"中的"取消网格编组"即可取消网格元素的编组，按Esc退出编辑。

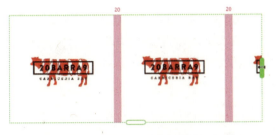

◐ 图7-56　水平重复网格

调整网格中相邻元素之间的空白区域时，将鼠标悬停间隙上，光标变为双箭头，通过拖动来改变空白区域间隙（图7-57）。

◐ 图7-57　调整网格间距

在重复网格中使用文本：可以直接更改重复网格中的各个文本对象，使用快捷键Cmd/Ctrl＋单击选中重复网格中的文本对象，然后双击进行编辑；或者将已有的.txt文档拖入重复网格中，注意需要分别排列的每行文本需用回车分隔开，.txt文档的内容将按相同顺序自动填充到重复网格中，若网格数多于文件中的文本行数，则重复填充。

在重复网格中使用图像：可以将图像逐一拖入网格的对象中；也可以选择多个图像，然后将它们拖入网格的对象中。

9）网格

网格：XD中的网格有助于在设计中更好地对各元素进行定位，以便实现更加精确的设计。XD中存在两种网格：方形网格（图7-58）和布局网格（图7-59）。

◐ 图7-58　方形网格

◐ 图7-59　布局网格

方形网格：在方形网格中，对象会与网格边缘自动对齐，如需避免对齐，按住键盘上Cmd/Ctrl键的同时用鼠标拖动目标对象。在Mac上，选择"视图"＞"显示方形网格"（快捷键Ctrl＋'），或者选择该面板后，勾选右侧

"属性检查器"中"网格"(图7-60)左侧的复选框,选择"网格",即可在画板中显示网格;在Windows上,右击画板,在出现的上下文菜单中选择"显示方形网格",或者选择该面板后,勾选右侧的"属性检查器"中"网格"左侧的复选框,选择"网格",即可在画板中显示网格。隐藏网格时,在相应的选项中选择"隐藏方形网格",或者取消选中"网格"复选框。在"属性检查器"的"网格"中也可以对方形网格进行设置,更改网格的间距及其颜色,间距值越小,网格越密集;单击"方形大小"左侧的方框将会弹出"拾色器",在拾色器中即可更改网格颜色;也可以将一组网格选项保存为默认值,以便再次使用。

性检查器"的"网格"中也可以对布局网格进行设置,可以更改布局网格的列数、间隔宽度、列宽、列颜色和边距大小等首选项。当更改列数时,XD会自动重新计算列的宽度,更改边距,可以均匀地调整左右边距,也可以分别调整各个边的边距,在"属性检查器"的"网格"的"左/右链接边距"及"各边边距不同"中进行切换即可。网格选项同样可以保存为默认值,以便再次使用。

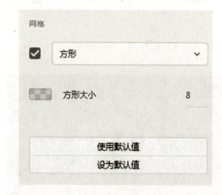

▲ 图7-60 方形网格的"属性检查器"

▲ 图7-61 布局网格的"属性检查器"

布局网格:布局网格提供了设计的基础结构。当启用布局网格时,XD会自动显示适应画板的布局,画板大小被调整时,布局网格中列宽将自动相应改变以适应新的画板大小。在Mac上,选择"视图">"显示布局网格"(快捷键Shift+Ctrl+'),或者选择该面板后,勾选右侧的"属性检查器"中"网格"(图7-61)左侧的复选框,选择"版面",即可在画板中显示布局网格;在Windows上,右击画板在出现的上下文菜单中选择"显示布局网格"(快捷键Ctrl + Tab),或者选择该面板后,勾选右侧的"属性检查器"中"网格"左侧的复选框,选择"版面",即可在画板中显示布局网格。隐藏网格如上所述,在相应的选项中选择"隐藏方形网格",或者取消选中"网格"复选框。在"属

7.2.3 创建交互原型

在XD中完成设计后,通过创建交互式原型以实现功能演绎。创建交互原型过程如下。

完成设计后,将"设计"模式转变为"原型"模式。在制作"原型"过程中,也可随时转换为"设计"模式,进行补充设计(图7-62)。创建交互原型首先需要设置"主页","主页"是应用程序或网页的第一个屏幕,同时,预览也将从"主页"开始。选择将要设置为"主页"的画板,点亮左上角灰色的主页图标,使其变成蓝色,则该画板即被成功设置为"主页"(图7-63)。

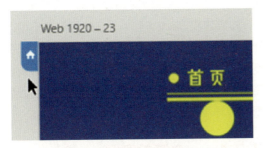

◉ 图7-62　转换模式

◉ 图7-65　交互动作设置弹窗

在创建交互链接之前，可以适当地命名画板，有助于使链接过程更清晰明了。在"原型"模式下，单击要链接的对象，对象上将出现带箭头的连接手柄，单击手柄并拖动，可以看到连接器，在目标画板上释放鼠标，即可实现链接（图7-64）。

动制作动画可以实现画板中元素的部分动画特效。首先在"设计"模式下，对原画板进行复制，在复制后的画板中修改对象属性，实现对象大小、位置、旋转等的变化。值得注意的是，需要确保添加动效的对象在两个画板上的"图层"名称相同。然后在"原型"模式下，创建交互动作，选择相应的触发方式，在动作类型中选择"自动制作动画"即可。接着，可以点击"移动预览"或"桌面预览"预览动画效果。在"自动制作动画"时，复制后的画板中新建对象会淡入，而如果有被删除的对象，这个对象就会淡出。在模拟下拉菜单或滑动键盘等时，可以选择"叠加"。在"原型"模式下，选择要链接的元素，单击出现的小箭头，将自动设置为链接到上一个画板，也可以在链接后，在弹出的窗口的"动作"中选择"上一个画板"，将链接设置为"上一个画板"后图标会发生变化（图7-66）。按键盘 Esc 键或在画板外的灰色区域单击鼠标即可退出弹窗。选择"目标">"无"，或者将链接线拖到画板外的灰色区域即可取消链接。

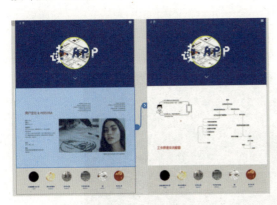

◉ 图7-64　连接器

在出现的弹出窗口中（图7-65），可以对链接进行设置，其中包括触发方式、动作类型、目标面板、缓动效果和持续时间。

触发方式：触发方式即在预览时触发连接的方式，包括点击、拖拽和语音。

动作类型：动作类型即链接触发的动作效果，包括过渡、自动制作动画、叠加、语音播放以及回到上一个画板。在过渡中，若想固定类似于导航栏或者页脚等元素的位置在滚动页面时保持不变，可以选择"保留滚动位置"。自

◉ 图7-66　链接到上一个画板的图标

实现快速的交互创建可以通过复制粘贴的方式，既可以单独复制粘贴交互，即在复制某一对象后，对另一对象进行右击鼠标，选择"粘贴交互"，然后更改手柄的链接画板即可；也可以直接复制粘贴对象，这样对象及其交互会一同被复制和粘贴。点击画板标题即可选择画板，选择后就可以查看画板上的所有交互，如需删除交互，则将连接器链接到的目标画板的手柄拖到画板外的灰色区域即可。

制作原型的目的是为了展示与交流，XD提供了相应的功能。一是录制功能，当所有交互都创建完成后，可以在原型界面上点击录制按钮，将操作的交互过程进行录制，最终输出视频文件。不过Windows上的XD不支持录制原型。另外就是共享功能，用户可以把原型发布到共享空间中并生成链接，Adobe账户提供了可以存储原型的空间以及评论等功能。

Adobe XD推出的初衷是为了给交互界面设计师提供一个全流程的解决平台，在设计师完成初步的设计之后，就可以把设计工作从Photoshop或者Illustrator转移到XD中。在XD中完成整体界面设计方案的构建以及原型的制作与共享。在界面交互设计领域更加流行的Sketch软件目前也集成了原型制作的功能，可能会进一步成为界面交互设计师的首选软件，XD如果想和Sketch竞争，它的优势在于可以把目前使用Adobe软件进行视觉设计的用户引流到XD平台，毕竟Sketch只是面向Mac系统的用户。对于设计师来说，多一个软件可选毕竟不是坏事。

7.2.4 一个简单案例

本例主要介绍的是结合Photoshop、AI以及Adobe XD制作一个简单的个人网站页面的方法。

设计者：北京信息科技大学
　　　　工业设计专业　李净琳

（1）使用Photoshop制作效果图

在本小节，介绍使用Photoshop制作界面效果图（图7-67）。

▲ 图7-67　使用Photoshop制作的页面

天马行空的设计风格与浪漫主义、天真、自由的风格构想相呼应。底部出现的个人照片可以给访客留下对设计师的第一印象，中间的欢迎标语从字体到内容也都很好地营造出了一种幻想世界的氛围，右侧设置可点击触发进入下一页的按钮也符合整体风格。

欢迎页需要突出导航功能。为了使网站的整体风格统一，背景选用同样的图片，这里运用的是给人带来星空感的深蓝色、白色和饱和度较低的黄色，背景上的元素无论是不规则形状区域的点点还是一些手绘风格的图案都在向访客传达设计师本人的一些性格特点与风格,多种元素拼凑在一起也使画面更加饱满丰富。

图形素材是预先在Photoshop中利用图层蒙版制作的。图像制作完成后,选择"图像">"调整">"色相/饱和度",调整图片色调。完成后保存成透明背景的以.png为后缀的文件,然后将其拽进AI中的适当位置,用矩形工具、椭圆工具与直线段工具制作出背景。

(2)在Adobe XD中制作交互界面

导航页面中的六部分主要信息分别用低饱和度的主题色——黄色与蓝色表示,给每个信息加旋转的效果来增强趣味性。因为六个色块在界面中占据的比例较小,所以整体不会因为色块的颜色与旋转排列而显得杂乱。最上方的导航栏也使整体操作更加便捷(图7-68)。

△ 图7-68 使用Adobe XD制作的导航页面

在Adobe XD中新建项目,选择预设尺为1920px×1080px。

用矩形工具绘制与页面尺寸相同的矩形,将在Photoshop中做好的背景图拽进矩形中,此时双击图片可以调整背景图片的大小和位置。继续用矩形工具在页面上方拉出所需长度、宽度的矩形来做快捷的导航栏,用箭头选中矩形后可在右侧外观栏中改变其填充以及边界的颜色(图7-69)。设置完矩形后,用文本工具在合适位置上建立文本框,并添加文本(图7-70)。最后在文本菜单中设置字体、字号等相关参数(图7-71)。

△ 图7-69 外观栏界面

△ 图7-70 建立文本框

△ 图7-71 文本界面

用箭头选中设置好的文本后，在右侧菜单栏找到"重复网格"按钮并选中（图7-72）。这时文本框将会变成绿色虚线状，选中文本框右侧的白点后点击鼠标向右拖动，拖出所需数量的文本框后停止，即可快速得到相同间距的多个文本框（图7-73）。双击每个文本框可以单独修改文本，把鼠标移动到任意两个相邻文本框中间选择并左右拖动即可改变所有间距，都设置好后取消网格编组（图7-74）。

▲ 图7-72　重复网格按钮

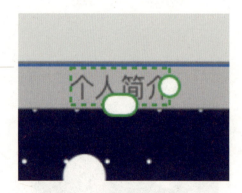

▲ 图7-73　选中文本框界面

▲ 图7-74　设置完成后的导航菜单栏界面

将在Photoshop中做好的扭曲的、使用特殊字体的标题以及一些装饰元素拽进界面并放到合适的位置，用上面提到的方式拉一个文本框，键入能概括此页面内容的标题。用矩形工具拉出一个矩形并改变其外观，接着选中矩形四角内的小圆，来为矩形添加合适的圆角，如图7-75。调整完成后用文本工具在圆角矩形中添加合适的文本，最后一起选中圆角矩形与文本，单击右键组成组后将鼠标移到圆角矩形旁边，在光标变成旋转图标后方可旋转圆角矩形，

如图7-76。把所有小标题都完成后导航页面就做好了。

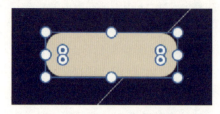

▲ 图7-75　添加圆角的矩形

▲ 图7-76　完成后小标题的最终效果

为了方便后面页面的制作，将页面上方导航栏内全部元素选中后，在左侧符号栏中点击"+"号存为符号，如图7-77。需要使用其中一项时，只需从符号栏里拖到相应页面即可。

▲ 图7-77　Adobe XD软件中的符号栏界面

下面就要开始制作导航页面中六个部分的子页面了。首先是个人简介的部分，最初规划时这部分会涉及文本形式的个人信息介绍以及一些照片，最后方案中为了将文本与照片分类，将照片做成了个人简介中的隐藏按钮形式，最后完成的页面如图7-78、图7-79。

制作个人简介页面时，先从左侧菜单栏选择新建页面，用箭头点击新建的页面，选中页面下方的圆点并向下拖动即可创造出一个长页面，在最后生成原型时生成一个可以上下滚动的长页，如图7-80。将背景图片、图形元素与之前保存为符号的上方导航栏拽进新建的页面，用上述提到的方式建立文本，并将所有元素放到合适的位置。在用圆角矩形建立文本背景时，可在外观处调整出合适的不透明度，如图7-81。

▲ 图7-78　个人简介页面

▲ 图7-80　创造长页面

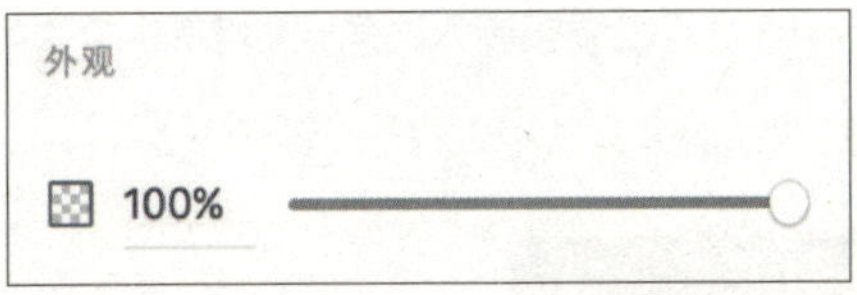

▲ 图7-81　在外观中调整不透明度的界面

在制作隐藏相册界面时，前面的步骤与制作个人简介页面时相同，只是在插入照片时可以先用圆角矩形规划出大致的排版（图7-82），之后再将整理好的照片直接拖入圆角矩形即可便捷地插入照片，同时双击照片也可以调整大小与位置（图7-83）。

用上述方法制作出所有与导航栏相关联的页面，并按一定顺序排列好，方便制作原型（图7-84）。然后，点击软件上方菜单栏中的"原型"进行创建（图7-85）。

▲ 图7-79　隐藏相册页面

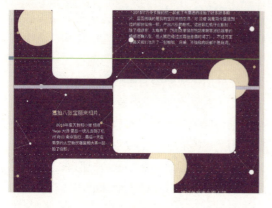

图7-82　先用圆角矩形规划出排版

图7-83　双击调整嵌入圆角矩形中照片的界面

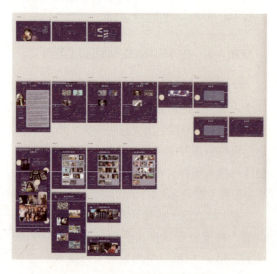

图7-84　排好制作出的所有页面

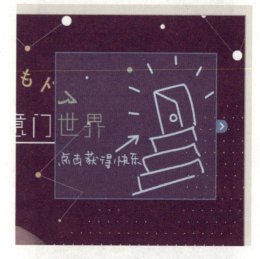

图7-85　软件上方菜单栏中的原型

创建原型交互时，单击要链接的对象，对象上将出现带箭头的连接手柄，单击手柄并拖动，可以看到连接器，在目标画板上释放鼠标，即可实现链接（图7-86）。链接后再点击箭头可以改变触发的动作与持续时间等（图7-87）。

图7-86　点击触发元素

图7-87　关于触发的参数调整界面

对于编组的元素，用鼠标双击组内元素可以单独选中，然后再对其添加链接效果即可（图7-88）。值得一提的是，在点击箭头出现的界面中还可选择是否保留滚动位置，这可以在最后预览原型时做出一些额外的效果展示，例如虽然不能在预览中输入文字，但可以把输入文本的前后效果单独做成两个页面，在建立原型时选择保留滚动位置，即可做出"输入文本"的视觉效果（图7-89）。

▲ 图7-88　为组合内单一元素添加箭头界面

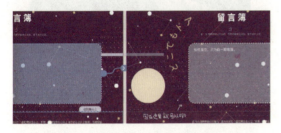

▲ 图7-89　保留滚动位置可实现的效果

在全部的页面联系都建立完毕后，可点击软件右上角的桌面预览，即可预览效果并且生成屏幕录像。图7-90为最终文件的页面展示与交互关系的展示。

▲ 图7-90　最终设计效果展示

7.3 使用高保真模型进行可用性测试

从原型设计软件输出的交互界面原型可以让设计师完整、真实地展示自己的设计，但这个高保真的界面还有一个非常重要的作用，那就是进行可用性测试。同纸模型测试类似，使用高保真的界面进行可用性测试也包括三种，即设计师预演、专家启发式评估以及用户测试。只不过针对一个与最终完善的界面高度类似的模型进行测试，能够更加准确地发现界面的问题，而且在用户测试环节中，用户基本上可以获得与使用最终发布的界面类似的用户体验，从而让设计师获得更加有价值的用户反馈，进一步修改与完善界面。

7.3.1 可用性实验室介绍

与纸模型测试不同，高保真模型的用户测试需要一个更加真实的环境，并借助专业的仪器进行辅助测试，例如眼动仪，因此一般高保真模型测试会在可用性实验室中进行。图7-91是一个基本的可用性测试实验室的配置与布局。

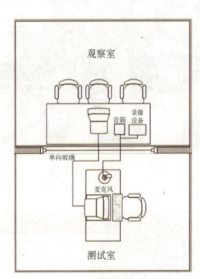

▲ 图7-91　可用性实验室的配置与布局

可用性实验室至少用两个房间，分别作为观察室（Observer Room）与测试室（Evaluator Room）。这两个房间使用一个单向玻璃（One-Way Mirror）隔开。参与测试的用户在测试室中使用界面，设计师与实验人员在观察室中对用户进行观察。由于两个房间是由单向玻璃隔开，因此用户并不知道有人在观察他的行为。

测试室一般要布置得尽量符合使用环境，例如像一个办公室或者书房，这样可以让用户尽量放松，从而得到准确的测试结果。用户使用的电脑一般会安装隐藏式眼动仪，以记录与分析用户在使用界面时的浏览路线以及停留热点区域。图7-92所示为明尼苏达大学可用性实验室的测试室布置。

观察室内一般会布置会议桌以及各种记录设备。设计师可以一边观察用户的行为一边进行讨论，录像设备可以把用户的行为以及屏幕变化记录下来，实验完成后可以继续进行分析。实验人员通过一个麦克风向用户发出指令与指导，而用户则根据实验人员提供的任务要求来完成自己的操作。图7-93所示为明尼苏达大学可用性实验室的观察室布置。

图7-93　观察室布置

7.3.2　用户可用性测试流程

用户可用性测试的核心理念是让真正的用户来使用界面产品，从而发现设计中的问题。整个测试流程可以分为设计与规划测试、准备测试、进行测试、分析说明数据以及发表结果这几个步骤，如图7-94。

① 在测试的准备环节，设计师一定要明确测试的目的，是测试整个系统的运行情况，还是某几个重点功能是否有效，然后根据测试的目的来设计整个测试的过程。准备过程中要完成三个环节：

图7-92　测试室布置

图7-94　用户可用性测试流程

- 确定测试界面的任务；
- 招募被测人员；
- 建立测试场景。

在确定测试界面的任务时要注意，交给用户去完成的任务一定要明确，但不能包含完成的步骤，让用户使用界面来一步一步地完成制定的任务。招募的被测试人员一定要符合目标人群特征，人数控制在7个以下，以获得最经济的效果。建立的测试场景一定要真实，不要让用户感觉像进了实验室。

② 在进行测试的环节，一定要让被测用户明白，实验的目的是测试系统，而不是测验用户本身。尽量让用户直接走进测试室而不要经过观察室，不要让用户感觉到有很多人在观察他，并且要给用户提问题以及停止测试的权利。要鼓励用户把问题以及感受即时地说出来。要保护用户的隐私，不要把实验数据随便泄露。在观察与记录过程中，实验人员最好有所分工，有人负责记录用户出错的情况，有人负责记录用户的情感变化，以免遗漏一些重要的信息。

③ 在分析说明数据的过程中，要避免主观情绪，尽量真实和相近地分析，必要时可以让用户填写调查问卷以帮助评估界面。分析的过程中可以使用以下的评估标准来分析界面。

- 系统总体情况。包括系统功能是否够用、系统是否可靠、系统响应是否迅速、是否有容错性设计、总体发生故障的次数多不多、是否能流畅地使用系统等方面。
- 信息系统与术语。信息的组织是否符合逻辑、信息是否主次分明、能否在屏幕中找到需要的信息、标题与菜单名称是否容易理解、整个系统的词汇系统是否统一、图标与符号能否被理解、缩略词的用法是否合适等。
- 帮助和纠错。纠正操作错误是否容易、屏幕上的求助信息是否清晰、出错信息用词是否恰当、能否有效地避免灾难性错误、对输入信息的修改是否方便等。
- 界面视觉效果。屏幕上字符是否具有可读性、屏幕布局是否合理、色彩搭配是否美观、细节设计是否美观等。

除了上述的普遍性评价标准，每个不同的界面系统也应该有自己独特的评价方式与内容，设计师应该根据具体设计方案进行测试的标准制定。

完成测试以及数据分析之后，应当有一个界面方案的评价结论。需要修改的部分要根据分析进行修改，直到界面相对完善为止。此时就可以把界面方案进行下一步的开发，最终推向市场。当然，可用性评估会贯穿整个产品的发展周期，这也是以用户为中心的设计方法中的重要组成部分。

④ 在发表结果阶段，测试人员应将整理好的记录，包括用户出错情况、用户使用时的情感以及用户的评估数据发布给设计人员，以作为设计方案修改的依据。

第8章 交互界面原型设计案例

本章介绍了一个个人网站的交互界面原型设计案例，这些练习体现了前文所讲解的内容，以供大家参考。

设计者：北京信息科技大学
　　　　工业设计专业　李子夜

8.1 视觉设计部分

（1）选取关键词

根据个人性格特点选择三个不同的关键词，尽量体现出差异性。对每个关键词展开联想，将抽象的关键词尽量清晰、形象化，把每个关键词可联想到的词语汇集形成"词云"（图8-1）。

△ 图8-1　设计关键词

（2）关键词视觉化

通过image board的方式使抽象词语视觉化。组成image board的图片需涵盖多种类型的图片，如产品、界面、动植物、服饰、建筑等。本案例分别将三个关键词视觉化，制作成image board（图8-2～图8-4）。

△ 图8-2　"有趣"image board

△ 图8-3　"复古"image board

△ 图8-4　"自然"image board

(3) 视觉转化

根据三个不同的关键词及 image board 确定出三个设计主题（图 8-5）。

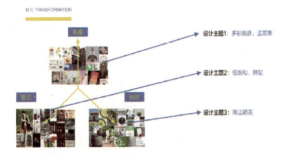

图 8-5 确定设计主题

(4) 输出视觉转化后的 image board

通过取形、取色、取质、取意的多角度分析后，寻找符合设计主题定位的界面设计、按钮设计、动效设计等，构成网站界面设计风格的视觉化 image board 以供设计参考（图 8-6 ~ 图 8-8）。

图 8-6 主题 1 视觉化 image board

图 8-7 主题 2 视觉化 image board

图 8-8 主题 3 视觉化 image board

8.2 使用 XD 进行设计与原型制作

在本部分，使用 XD 创建设计方案与原型。

(1) 新建项目

新建如图 8-9 所示的项目。

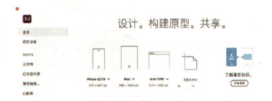

图 8-9 新建项目

由于所创建的项目为个人网站，所以选择网页预设尺寸 1280px×800px（图 8-10）。

图 8-10 选择尺寸

修改画板名称（图 8-11）。

图 8-11 画板重命名

制作网页时，左右应有一定尺寸的留白，所以需要使用网格工具以明晰布局。如果需要使用布局网格功能，在"属性检查器"中"网格"选项卡下选择"版面"（图8-12）。

△ 图8-12　布局网格

（2）制作首页效果

开始制作，以达到如图8-13所示的效果。

△ 图8-13　首页最终效果

首先修改画板背景色（图8-14）。

利用编组工具制作"导航栏"。首先用文本工具创建名字，用椭圆工具绘制所需路径，然后将二者同时选中后右键点击鼠标，选择"组"。将其编组可以使其共同移动，方便高效（图8-15）。

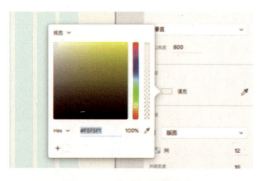

△ 图8-14　修改画板背景色

△ 图8-15　编组

利用"重复网格"工具制作相同元素。首先用矩形工具绘制一个矩形，选中该矩形后点击"重复网格"，将元素下拉至所需数量后，调整间隔至合适大小（图8-16）。

△ 图8-16　重复网格

利用布尔运算组合制作名牌的镂空效果。首先用矩形工具绘制一个矩形，用文本工具创建一个文本，然后将文本与矩形同时选中，选择布尔运算组合中的"减去"，即可得到镂空效果（图8-17）。

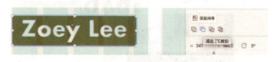

△ 图8-17　镂空效果

首页布局。用文本工具输入其他所需文字，并调整好位置、大小。使用矩形工具绘制出一个矩形并将其移动到合适位置（图8-18）。

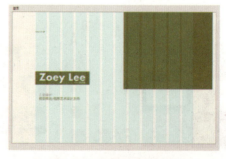

△ 图8-18　首页初步效果图

制作"首页过渡页"。复制"首页"画板，复制后的新画板作为过渡页，将右上方原有绿色矩形的透明度调整至75%，再绘制一个灰色矩形，并将其透明度调整至60%（图8-19），然后将其移动至合适位置（图8-20）。

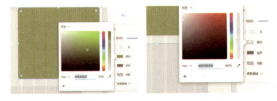

△ 图8-19 调整矩形透明度

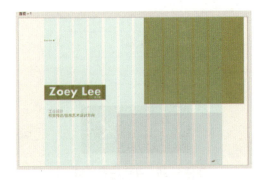

△ 图8-20 首页过渡页效果图

制作"最终效果页"。复制"首页过渡页"画板，复制后的新画板作为最终效果页，将准备好的素材图通过拖入的方式导入画板中，调整素材的位置和大小。为实现过渡效果，将右上方矩形透明度调整至40%（图8-21）。至此，首页部分已全部完成。

△ 图8-21 内容页

将首页效果图制作成原型。首先将"设计"模式切换至"原型"模式（图8-22）。

△ 图8-22 切换至"原型"模式

单击已选中要链接的第一个首页画板，画板边缘出现带箭头的连接手柄，单击手柄出现菜单。在触发效果中选择"时间"，然后调整"延迟"时间为0.4秒。值得注意的是，只有当选中内容为画板整体时，触发效果中才有"时间"选项。在动作效果中选择"过渡"。各项设置完成后，单击手柄并拖动，可以看到连接器，在"首页过渡页"画板上释放鼠标，即可实现链接（图8-23）。

"首页过渡页"链接到"最终效果页"的操作过程同上。设置完成后，可点击右上方的"桌面预览"按钮查看效果（图8-24）。

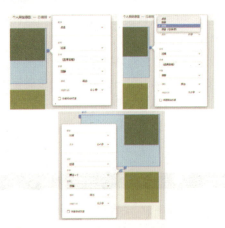

△ 图8-23 首页效果图原型制作

△ 图8-24 预览效果

（3）制作网站目录页

开始制作网站目录页，以达到图8-25的效果。

△ 图8-25　目录最终效果图

首先新建画板。在左侧工具栏选择新建画板后，在右侧选择所需画板尺寸，此处所选尺寸为统一的1280px×800px（图8-26）。

△ 图8-28　通过钢笔绘制符号

△ 图8-26　新建画板

新建画板后，与之前操作相同，给画板修改名称。将画板背景色修改至需要的颜色后，开始制作目录页的内容。

首先，构想出网站内放置的大概内容，这意味着目录需要设置一些按钮以便跳转至相应页面。网站应具有返回上一页的按钮。因此，目录页上方设计了导航栏以方便返回首页和关闭目录（图8-27）。

△ 图8-29　使用符号素材

航的按钮符号。制作方式同上述"叉子"符号（由于网站为个人网站，因此在目录页放置了社交网站图标以方便跳转。对于符号，可直接拖拽素材）。为区分所停留的按钮，使用修改颜色方式进行表现（图8-30）。

△ 图8-27　目录页上方导航

对于导航栏文字，依旧使用文本工具输入并调整字体及字号，关闭界面的"叉子"符号可通过钢笔工具自行绘制，也可直接拖拽已有素材中的符号（图8-28、图8-29）。

本案例中网站涉及三大块内容，分别为个人作品、摄影作品和自我介绍。那么，目录页的一级导航中至少应包含这三个按钮。首先使用文本工具制作出这三个按钮。个人作品及摄影作品仅为一级导航，所以应设计触发二级导

△ 图8-30　目录一级导航按钮

接下来，制作"个人作品"按钮下触发出的二级导航按钮，依旧是先复制画板。复制后，利用矩形工具绘制出与画板高度相同、长度减半的矩形（图8-31）。调整至所需颜色后，画板在视觉上被一分为二，左侧为一级导航栏，右侧位置留给触发出的二级导航栏。

动作为"过渡"，动画效果为"溶解"，持续时间为0.3秒（图8-33）。

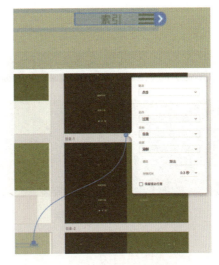

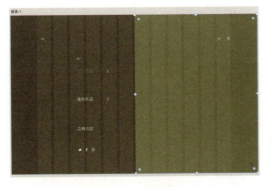

△ 图8-31　绘制矩形

△ 图8-33　首页跳转至目录页

矩形绘制完成后，使用文本工具制作二级导航的按钮（图8-32）。通过同样操作制作"摄影作品"按钮。

为目录页中的三个二级导航制作链接的方式同上（图8-34）。

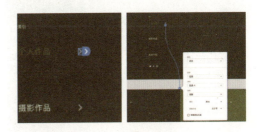

△ 图8-32　目录页二级导航

△ 图8-34　二级导航触发按钮

将目录效果图制作成原型。操作步骤与"首页效果图"相同，首先切换模式至"原型"。然后制作从首页进入目录页的交互效果，选中首页上方导航栏的"索引"符号按钮，拖动按钮上的连接手柄，将连接器释放至目录页画板。在弹窗菜单中进行设置，触发方式为"点击"，

值得注意的是，制作了首页跳转至目录页的交互后，同样需要制作目录页返回首页的交互。操作方法同上。此处具体按钮为目录页上方导航的"首页"按钮及关闭目录的"叉子"符号（图8-35）。

△ 图8-35　制作返回首页的交互

制作原型时，应考虑上下页的关联性。以目录页为例，触发二级导航后也应考虑返回一级导航页的交互。具体操作为将二级导航页的

关闭"叉子"符号关联回上一页。同样,之后的原型制作过程中都不要忽略这个因素(图8-36)。按钮关联完成后,可点击右上方的"桌面预览"查看效果。

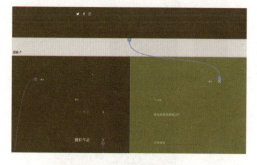

△ 图8-36　上下页的关联

(4)制作个人作品首页

以作品01为例(图8-37)。

△ 图8-37　个人作品首页完成效果图

新建画板、修改背景色的操作与之前相同,上方导航栏与首页相同,可直接复制粘贴。利用钢笔工具绘制所需路径(图8-38)。

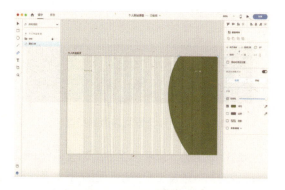

△ 图8-38　钢笔绘制路径

使用"重复网格"工具制作序号按钮。重复网格可以十分快捷地做出间隔、字体字号相同的作品序号按钮(图8-39)。为突出所在作品页,在序号下方添加一个矩形(图8-40)。制作作品02、03页时,将矩形挪到相应序号位置处。

△ 图8-39　作品序号按钮

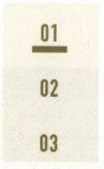

△ 图8-40　添加矩形

使用文本工具制作作品名称及简介(图8-41)。

△ 图8-41　作品名称及简介

制作跳转按钮。按钮由三部分组成：矩形背景框、文字、提示符号。首先用矩形工具绘制矩形，用文本工具输入文字。为保持符号比例一致，建议直接将目录页的相同符号复制后翻转90°制作。三部分制作完成后进行编组（图8-42）。

最后，将准备好的作品图片素材以拖拽的方式导入画板中，调整位置和大小。以同样的方法制作另外两个个人作品首页（图8-43）。

图8-42　跳转内容页按钮

图8-43　三个作品首页效果图

（5）制作个人作品内容页

以作品01内容页为例（图8-44）。

新建画板后，首先修改背景色，将已有的导航栏复制粘贴。可以创建可滚动的画板，以完全容纳内容。可以在右侧的"属性检查器"中修改视窗高度，也可直接移动画板上的虚线以调整高度（图8-45）。

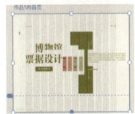

图8-45　修改视窗高度

内容页仍然需要返回按钮，前面提到过可直接复制其他画板中的已有符号，这里不做赘述。接下来，使用文本工具将作品序号、名称及介绍输入，然后将已有作品图片素材拖入画板（图8-46）。

用"矩形工具"绘制矩形，制作前后遮挡的效果，让画面具有层次感。如图8-47所示，在文字介绍下增加矩形后，文字立刻突出出来，识别性增强。善用矩形，操作简单，效果显著。

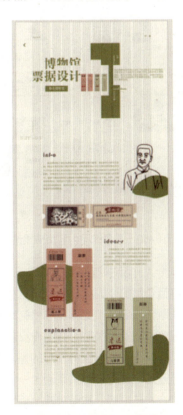

图8-44　作品01内容页

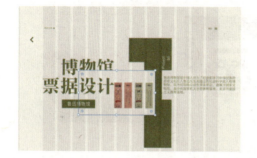

◐ 图8-46　输入文字、拖入素材

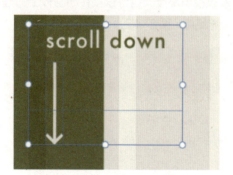

◐ 图8-47　利用矩形增加层次感

用钢笔工具制作"向下滚动"的提示性标识。选择钢笔工具，绘制一个简单的小箭头路径并配以相应的文字性提示（图8-48）。

◐ 图8-49　放入作品完整内容

◐ 图8-48　添加提示性标识

◐ 图8-50　三个作品内容页效果图

添加内容。以拖拽的方式将作品图片素材导入画板中，添加文字内容后进行排版，以达到想要达到的效果。为丰富画面，可利用钢笔工具绘制形状路径并叠加在图片素材前或后，操作既简单，又能使画面看起来更加饱满（图8-49）。

以同样的方法制作作品02内容页和作品03内容页。注意保持网站整体风格的统一（图8-50）。

制作个人作品交互原型。切换至"原型"模式，将目录页的个人作品二级导航按钮与作品首页关联，作品首页的作品序号列表分别和与之匹配的作品首页关联，并将作品首页的跳转按钮与内容页关联。值得注意的是，要将内容页的"返回"符号按钮关联回上一页，同时每页的上方导航栏都应具备跳转至首页及目录页的功能（图8-51）。

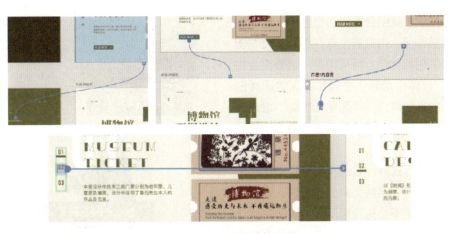

▲ 图8-51 个人作品原型制作

（6）制作摄影作品首页

以"风景"为例（图8-52）。

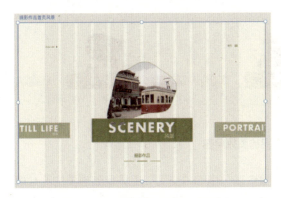

▲ 图8-52 摄影作品首页"风景"

摄影作品部分计划放置三组作品，分别为风景、人像和静物。与个人作品部分操作相同。

新建画板，修改背景色，复制顶端导航栏之后，开始制作"风景"标签按钮。与之前提到的首页名字镂空效果一样，"风景"标签按钮也对矩形和文本应用布尔运算组合中的"减去"的方式制作完成（图8-53）。

▲ 图8-53 "风景"标签按钮

以同样的方式制作出"人像"及"静物"

按钮。因为该页为风景，所以其余两个按钮应适当减小尺寸来达到突出"风景"按钮的目的。除了减小尺寸，调整透明度也不失为一个突出重点的好方式，此处就使用了这个方法来提升突出的效果（图8-54）。

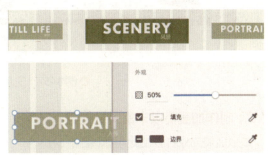

▲ 图8-54 制作另外两个标签按钮

在标签按钮下适当添加文字以突出所在页面。同时，通过增加矩形小条来表示当前所处的位置。具体操作时，还可以应用"重复网格"工具绘制三个矩形小条，再调整透明度（图8-55）。

▲ 图8-55 所在位置提示

利用布尔运算组合重构封面图像。首先导入一张风景作品，用钢笔工具在照片上绘制出随意一点的形状路径，再采用布尔运算组合中的"交叉"，即可得到一个自然圆润的照片形状。随意的形状可以使界面更加生动，增添趣味性，首页不完整的照片又具有一定的神秘感（图8-56）。

用同样的方式制作其他两部分摄影作品的首页。调整好作为当前页的标签按钮。每部分首页照片的形状不必完全相同，不同的形状让页面具有差异性也更加自然，自行调整至舒适的形状即可（图8-57）。

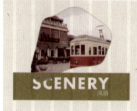

○ 图8-56　运用布尔运算组合中的"交叉"

○ 图8-57　三套作品首页效果图

（7）制作加载页以丰富网站效果

以风景部分的加载页为例（图8-58）。

○ 图8-58　风景加载页完成效果图

利用布尔运算组合中的"交叉"制作数字填充效果的图片。加载页的内容可以将文本与图片融合，制作出具有数字填充效果的图片，让文字变得更有新意。首先用文本工具输入数字，再拖入图片调整好位置，最后使用"属性检查器"中的"交叉"工具得到想要的图片填充效果的文字（图8-59）。

○ 图8-59　图片填充效果的文字制作

以同样的方法制作出其他两个加载页（图8-60）。

○ 图8-60　三套作品加载页完成效果图

（8）制作摄影作品内容页

以"风景"作品为例（图8-61）。

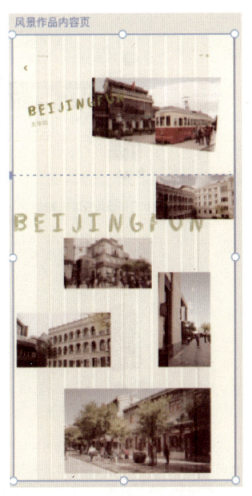

其余两部分以同样的方式进行排版,注意网站风格基调的统一。采用绿色矩形,以及适当调整图片透明度可以增画面加层次感。利用布尔运算组合工具可以修改图片形状(图8-63)。

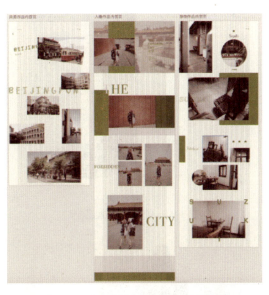

△ 图8-63　三套作品内容页完成效果图

摄影作品部分设计完成后,将模式切换至"原型"。将目录页的摄影作品二级导航按钮与作品首页关联,摄影作品首页的三部分标签按钮分别与加载页关联(图8-64)。

△ 图8-61　风景作品内容页完成效果图

与个人作品内容页的制作方法相同,画板的高度依旧根据个人需求调整。将图片素材导入后进行排版,然后利用直线工具适当点缀线条并配以文字标题,同时设置返回按钮(图8-62)。

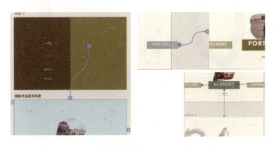

△ 图8-64　摄影作品首页原型制作

加载页的原型制作使用的是之前提到过的触发下的定时效果,通过该效果使其从加载页自动播放至内容页,从而实现加载的效果,因此关联的画板为内容页(图8-65)。

最后,将内容页的"返回"符号按钮关联首页。值得注意的是,每页的上方导航栏都应具备跳转至首页及目录页的功能(图8-66)。

△ 图8-62　点缀线条

图8-65 加载页原型制作

图8-67 自我介绍首页完成效果图

图8-68 拖入照片素材

调整好照片大小及位置后，制作名字标签。标签由两部分组成，矩形背景框和文字内容。英文字母面积较大可使用布尔运算组合中的"减去"工具制作成镂空效果，而中文名字面积略小，镂空效果会影响其识别度，故直接调成背景色（图8-69）。制作完毕后将其编组。

图8-66 内容页原型制作

图8-69 制作名字标签

（9）制作自我介绍页

依旧分为首页及内容页两部分。首先制作首页（图8-67）。

新建画板，复制粘贴顶端导航栏，将在Photoshop中处理好的图像素材以拖拽的方式导入画板中（图8-68）。

调整各元素之间的排列关系，将名字标签设置在顶层，以遮挡一部分照片素材，使页面看起来更具空间感。接下来使用文本工具，将文字部分输入，并配以简单的矩形元素（图8-70）。

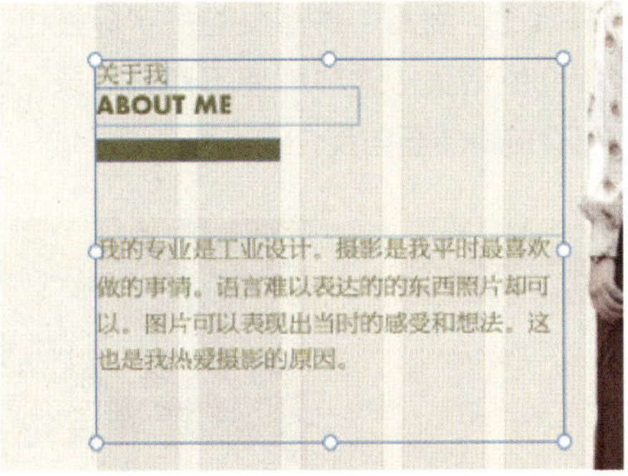

根据需要调整视窗高度，然后在照片上方添加绿色填充的矩形后，可通过调整透明度达到遮罩效果（图8-73）。

○ 图8-70 输入文字内容

为自我介绍首页制作一个进入内容页的触发按钮。利用钢笔工具绘制简单的箭头路径，用文本工具输入搭配的提示性文字（图8-71）。将二者组合作为触发按钮。

○ 图8-73 为照片添加遮罩效果

文字内容部分使用文本工具输入即可，由于页面内容是逐步下拉查看，因而可在文字旁边添加适当的辅助性标识，比如向下的指示箭头（图8-74）。

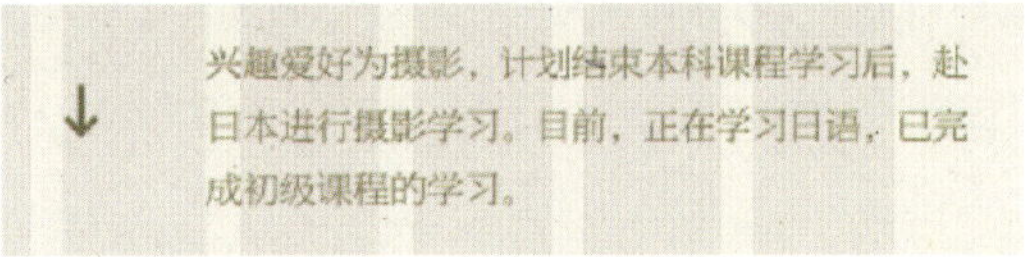

○ 图8-71 触发按钮

首页制作完成后，制作自我介绍内容页（图8-72）。

○ 图8-74 添加指示箭头

添加联络方式。在制作HTML文件时可直接点击链接跳转至外部网站（图8-75）。

○ 图8-72 自我介绍内容页完成效果图

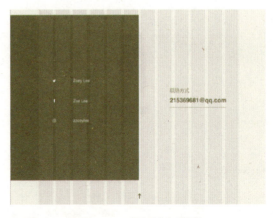

○ 图8-75 添加社交账号

自我介绍首页及内容页设计完成后，切换至"原型"模式制作交互原型。

首先，将自我介绍首页与目录页的"自我介绍"按钮关联（图8-76）。

接了解自己。因此，将首页的名字标签也关联至自我介绍首页。这样即使不点开目录，在首页也可直接跳转至自我介绍（图8-79）。

◆ 图8-76　自我介绍首页与目录页关联

然后，将自我介绍首页的跳转至内容页的触发按钮与内容页关联（图8-77）。将内容页的"返回"按钮关联回首页（图8-78）。

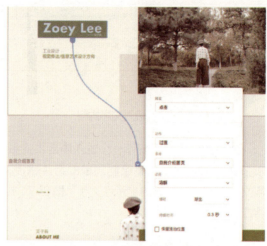

◆ 图8-79　首页名字标签关联至自我介绍首页

原型全部制作完毕后，通过点击右上角的"桌面预览"按钮进行检查（图8-80）。

◆ 图8-80　预览原型

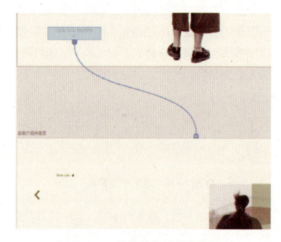

◆ 图8-77　触发按钮关联内容页

检查无误后即可将原型文件保存（图8-81）。

◆ 图8-78　关联"返回"按钮

作为个人网站，自我介绍页可方便他人直

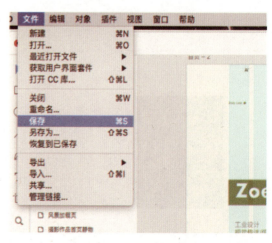

◆ 图8-81　保存原型文件

使用录屏工具可以将操作流程录制下来。点击原型预览窗口右上角的录屏按钮，录屏即可保存为视频文件，最终方案的展示与交互关系图如图8-82所示。

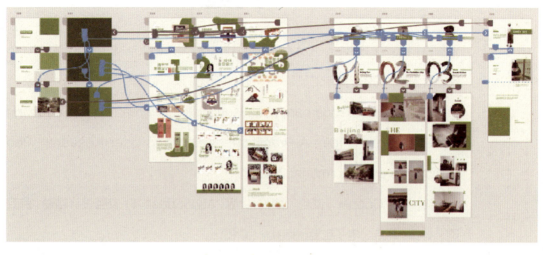

图8-82　最终方案展示

更多案例 扫码阅读

参考文献

[1] Hugh Beyer, Karen Holtzblatt. Contextual Design. Morgan Kaufmann, 1997.

[2] Elizabeth Goodman, Mike Kuniavsky, Andrea Moed. Observing the User Experience : A Practitioner's Guide to User Research. 2nd Edition. Morgan Kaufmann, 2012.

[3] Alan Cooper（艾伦·库伯），等. About Face 4：交互设计精髓. 倪卫国，等译. 北京：电子工业出版社，2015.

[4] Carolyn Snyder. Paper Prototyping : The Fast and Easy Way to Define and Refine User Interfaces. Morgan Kaufmann, 2003.

[5] Jenifer Tidwell. Designing Interfaces 中文版. 蒋芳，译. 北京：电子工业出版社，2008.

[6] 比尔·巴克斯顿. 用户体验草图设计. 黄峰，等译. 北京：电子工业出版社，2009.

[7] B Moggridge. Designing Interactions. MIT Press, 2006.

[8] [美]詹妮·普瑞斯，等. 交互设计：超越人机交互. 刘伟，等译. 北京：机械工业出版社，2018.

[9] [美]唐纳德·A.诺曼. 设计心理学. 北京：中信出版社，2003.

[10] [美]唐纳德·A.诺曼. 情感化设计. 北京：中信出版社，2005.

[11] [美]Steve Krug. 点石成金：访客至上的Web和移动可用性设计秘笈. 北京：机械工业出版社，2019.

[12] [美]威廉·立德威，克里蒂娜·霍顿，吉尔·巴特勒. 设计的法则. 栾墨，刘壮丽译. 沈阳：辽宁科学技术出版社，2018.

[13] 柳沙. 设计心理学. 升级版. 上海：上海人民美术出版社，2016.

[14] [英]娜塔莉·纳海. UI设计心理学. 王尔笙，译. 北京：中国人民大学出版社，2019.